細川博昭
イラスト ものゆう

人も鳥も好きと嫌いでできている

インコ学概論

春秋社

インコとオウム

オキナインコ〈インコ科〉

ヤエザクラインコ〈インコ科〉
（ボタンインコとコザクラインコのハイブリッド）

オオバタン〈オウム科〉

アオボウシインコ〈インコ科〉

セキセイインコ〈インコ科〉

サザナミインコ・ヒナ〈インコ科〉

ホオミドリウロコインコ〈インコ科

コザクラインコ〈インコ科〉

セキセイインコ・ヒナ〈インコ科〉

サザナミインコ〈インコ科〉

はじめに

初対面の相手のことをもっと知りたいと思ったとき、よく投げかける質問は、なにが好きで、なにが嫌いか、という問いでしょうか。好きと嫌いがわかれば、どんな人物か理解がしやすくなります。

「心」は目には見えません。そのため、心を可視化する方法がいろいろ模索されてきました。「好き」と「嫌い」から理解しようというのも、そうした試みのひとつです。

人間の心は、人やもの、生物、状況、食べものなどに対して、「好き」「嫌い」「無関心」「未確定」の四つに分類することが可能です。どんなものに関心があり、なにが好きなのか知ることができれば、相手の素顔と個性がわかります。

人間が生まれてすぐに感じるのが、生理的な「快」と「不快」です。やがて、「心地よい・好き」、「不快・嫌い」を経て、直感的な「好き」「嫌い」と、経験による「好き」「嫌い」が生まれ、その組み合わせによって「心」がかたちづくられていきます。

一方で、人にはもって生まれた「気質」があります。たとえば、活動的かどうか、厭《あ》きやすいかどうか、おびえやすいかどうかなどが気質と呼ばれるものです。こうした生来の気質によって、「好き」や「嫌い」の感じかたにも個人差が出ることが知られています。

つまり心は、生得的な気質に「好き・嫌い」や、「関心をもつもの／関心がもてないもの」が加わって形成され、最終的にそれが、その人間の個性となっていくと考えることができます。

鳥もおなじです。鳥たちの心も「好き、嫌い、無関心、未確定」の四つからできていて、それらがもって生まれた気質に重なるかたちで個性をつくりあげています。

ただし、好みなどがはっきりわかるのは飼育されている鳥のみ。野鳥の多くは生きていくことに精いっぱいで、複雑な感情や嗜好が外から見えることはほとんどありません。ですがそれは、鳥が感情や個性をもたない、ということを意味しません。食と住が与えられ、安全が保証されることによって、隠し持っていた本来の性格や性質、感情が表に出てくるようになります。そうしたものが目に見えるかたちで現れやすいのが、インコ目のインコやオウムです。

大型のインコやオウムはカラスと並んでとくに脳が発達していて、哺乳類でいうところの霊長類ポジションにいると考えられています。とはいえ、彼らが特別なのではなく、インコ目の鳥たちは総じて全身表現で心を伝えられる才能を持ち合わせています。
そんなインコやオウムをより深く理解するために、「好き」「嫌い」という観点からその心に焦点を当ててみたのが本書です。

心は進化の中で生まれ、それぞれの種が独自に発達させてきました。

形状から始まったチャールズ・ダーウィンの進化についての研究は、やがて「心」の領域へと至ります。身体的な反応を伴う感情を「情動」と呼びますが、人間と動物の情動には共通するものがあると考え、幼児の行動および動物の行動を研究すべきという考えをダーウィンは示しました。現在、前者は発達心理学、後者は比較心理学と呼ばれています。

「発達心理学」をもとに動物の心を理解するというやりかたは、二十世紀にはすでに提唱されていましたが、深く研究されてはいませんでした。しかし、たくさん書かれている発達心理学に関する書籍の導入部には、インコやオウムとの暮らしにおいても、そのまま活用できる情報が数多く含まれています。

人間の幼児が「快・不快」を感じて心地のよさを求め、そこに安心を得るのとおなじように、幼いインコやオウムも心地よさと安心を求めます。それが彼らの「好き」「嫌い」の原点であり、最初の一歩になっています。

幼児が成長の過程で見せる「好きになる、嫌いになる」の心理的なメカニズムは十分には解明されておらず、鳥類に関する研究はほぼ皆無です。しかし、「好きになる、嫌いになる」ということに関する子どもの研究データは数多く存在しますし、鳥についても飼育数の多いインコ・オウムにおいて、多くの臨床データが存在します。

インコやオウムでも、ものや食べもの、対人・対鳥において、成長の過程で少しずつ「好き」と「嫌い」が形成されていきます。大人（成鳥）になったときの好き嫌いは、その集大成です。

本書では、子どもの「好き・嫌い」を知るのとおなじ視点で、飼われているインコとオウムの「好き・嫌い」を見つめ、その心のありかたを示すことを試みました。

飼育者に対しては、本書がインコやオウムをより深く理解するための一助となれば幸いです。鳥とはあまり接点がなかったかたには、鳥の心を理解するきっかけになれば嬉しく思います。

また、「人間とはなにか」という大きな問いについても、本書を通してあらためて考えていただけたらと思います。

人も鳥も好きと嫌いでできている　目次

人も鳥も好きと嫌いでできている——インコ学概論

第1章

鳥の豊かな感情

1　伝える要望と背景にある気持ち

オウムの快楽

掻《か》いてほしい。なでてほしい。と、人間の指に頭を押しつけてくるオカメインコ。要求するのはもちろん、それが心地よく、そうされることが好きだからです。

羽毛が生えかわる換羽《かんう》の時期には、自分ではほぐしにくい冠羽《かんう》や後頭部の羽毛の鞘《さや》をきれいに取ってほしい、という要望もそこに加わります。筆者宅の鳥もそうでした。

信頼している人間に掻かれ、快楽に浸りきっている鳥の顔はまさに「恍惚」。入浴中に意図せずもれてくる人間のため息のような、「はぁ」という声さえ聞こえてきそうです。

その表情を初めて見たとき、温泉に浸かり、まぶたを閉じている信州、地獄谷のサルに似ていると思いました。オカメインコとニホンザル。両者が感じている「気持ちのよさ」には共通するものがあるように見えました。

なでてほしいと懇願するオカメインコには明確な希望があります。それは、満足のいく心地よさが得られること。さらに、快楽だけでなく「幸福感」も感じたいと願っていることが伝わってきます。なでる場所や力の加減を指定し、みずから頭の位置をずらして、そこが終わったら次はここ、という指示もきます。ただ掻けばいいわけではありません。望みとちがったり、痛みを感じると、「そうじゃない」「下手くそ！」というかんじで怒り、場合によっては「咬む」という行為にいたることもあります。ただし、オカメインコの多くは温和で、力の加減もよく知っているので、相手にケガをさせるような咬みかたはしません。オカメインコの飼育者は、愛鳥のそうした行動を「教育的指導」と呼びます。

自分の要求を満たすのは飼い主の義務。オカメインコたちはそう思っているようで、飼い主とよい関係を築いている鳥の場合、相手が指示に従ってくれることを疑いません。

イヌやネコを見てもわかるように、快・不快は人間だけのものではなく、哺乳類も鳥類も、暮らしの中で自然に求めるものであることを、体験を通して実感します。

人間を追い払って達成感

二〇〇〇年代、鳥類の心理についての理解を深めるために、慶應義塾大学心理学科の渡辺茂先生にお会いして、何度も話をうかがいました。カラス（ハシボソガラス、ハシブトガラス）や文鳥、ドバトなどを研究対象にされていたからです。

作家としての取材だけでなく、学生として授業を受けていたこともあります。『アレックス・スタディ』（共立出版）という本を読まれたかたもいるはずです。著者は、アイリーン・ペッパーバーグ博士。インコやオウムに関心をもつ人々によく知られた、アレックスというヨウムに関する長期にわたる研究がまとめられた専門的な本です。

この本を翻訳し、日本に紹介したのも渡辺先生のチームでした。渡辺先生の取材を通して、ペッパーバーグ博士の研究や人がらについても、より深く知ることができました。

慶應三田キャンパスから少し離れたグラウンドの横に、渡辺先生の研究室の分室（実験室）があり、その一角に数十羽のカラスが飼育されている「カラス部屋」がありました。東京都がカラスの駆除に熱心だった時代、慶應義塾大学のキャンパス内で捕獲されたカラスの一部は殺処分されず、渡辺先生の研究室が引き取ることが多かったといいます。

もっとも馴れたカラスは、渡辺先生の腕や肩に乗って髪を引っぱるなどしていました。雑誌の取材の際は、そうした「絵」になるカラスの写真をたくさん撮影して記事にも載せたので、コンパニオンバードの専門誌などで見たことがあるかたもいるかもしれません。

カラスが暮らす飼育部屋を案内していただいたときのこと。部屋に踏み込むやいなや、カラスたちがこちらを見て、いっせいにギャアギャアと鳴きました。それは、鳴くというより「叫ぶ」といったほうがいいレベルの、会話もできないほどの音量です。

人間を追い払った「達成感」は、カラスにとって精神的な快楽でもある？

渡辺先生いわく、その声は、「人間、なにしにきた。ここは、オレたちのナワバリだ。帰れ！」という威嚇だとか。カラス部屋にいるあいだじゅう、ずっと叫ばれていました。

取材が終わってカラス部屋から去ろうと背を向けたとき、カラスの声がはっきりとわかるくらいに変化しました。それは、人間でいう「歓声」のような声でした。

渡辺先生いわく、「オレたちはやったぜ。オレたちは人間を追い払ったぜ！」という声だとか。カラス部屋から人間を追い払えたカラスたちの、「満足感」「達成感」に満ちた声なんです、という解説には説得力がありました。安堵と達成感の混じる歓声を上げるカラスたちの姿は、さながらハリウッド映画のエンディングのようでもありました。

2　動物も心をもつことは否定できない

動物たちの豊かな心

人間以外の生物と比較をすることで、より深くヒトを理解しようという試みが進んでいます。共通する遺伝子を介した生物学的な理解だけでなく、心のありかたについても比較が試みられ、理解は少しずつ深まってきています。

自著『鳥を識る』（春秋社）に、「なぜ鳥と人間は似ているのか」というサブタイトルをつけたのも、そうした意識によるものでした。

人類に近い現世の生物といえば、類人猿のチンパンジーやボノボ（ピグミー・チンパンジー）などですが、彼らヒト科の動物以外にも心を比較したい生きものがいます。

筆頭はなんといっても、カラスやインコ・オウムなどの鳥類。本書の主役となる鳥たちです。加えて近年は、軟体動物であるタコも注目されています。解明されてきたタコの精神活動（判断、記憶、感情など）には、とても興味深いものがあります。そんなタコについても、このあと少しだけ解説を加えたいと思います。

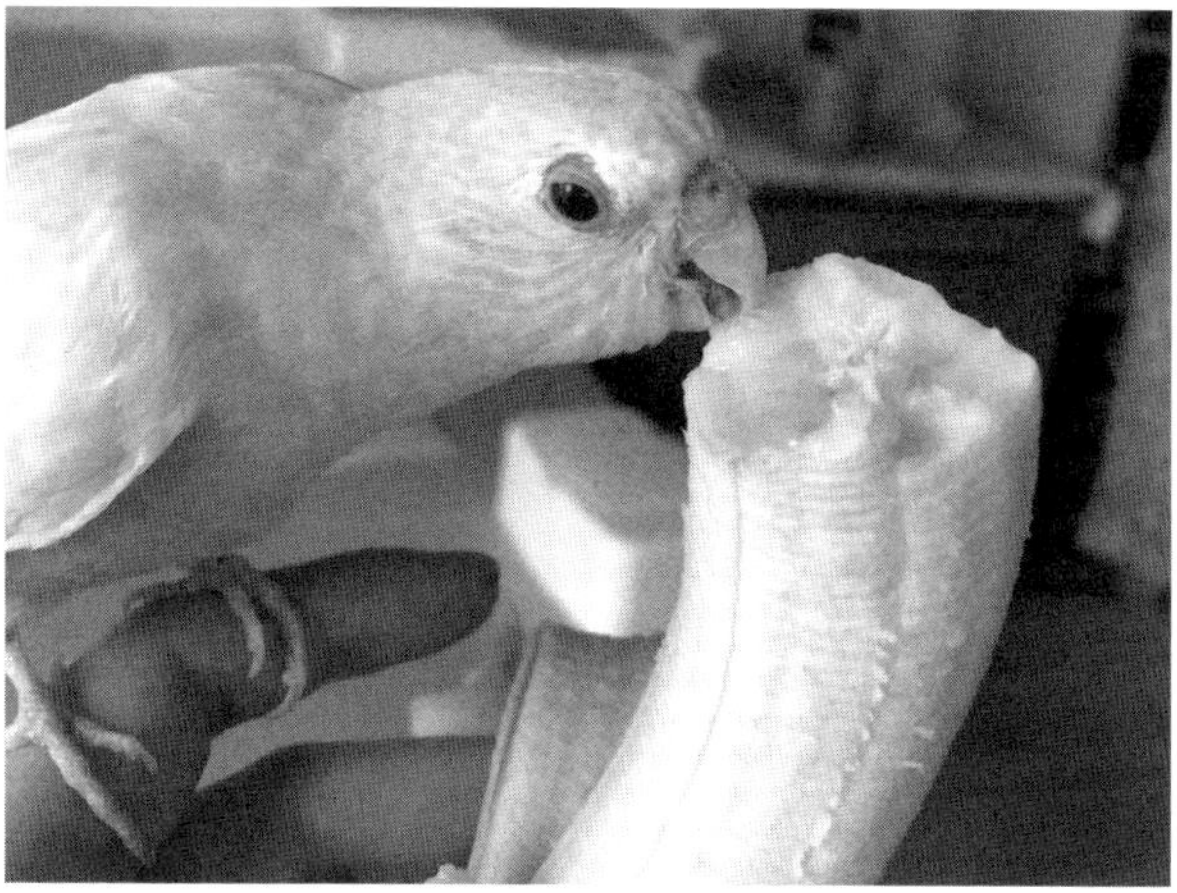

バナナを食べるアキクサインコ。

というのもタコは、生物が進化する中で、感情や「好き・嫌い」が生まれたのはいつか、という問いに対して重要な示唆をくれる可能性があると考えられている存在だからです。

私たちが属する脊椎動物では、哺乳類と鳥類の脳の発達が顕著です。そのうち、カラスの仲間と大型のインコ・オウムが鳥類の頂点に立っています。そこは哺乳類でいうところの霊長類ポジションであり、その中でも最上位、ヒト科に相当する位置にあたります。

心も知性も脳に宿ります。発達した脳には感情が生まれ、個性が生まれます。鳥たちが感情豊かな生きものであることは、ともに生活している人間には自明のことでしょう。

とはいえ、鳥たちがもつ感情は、完全に人間とおなじと言い切ることはできません。

人間に近いことは事実ですが、思い込みや、希望的な意識から「擬人化」のフィルターのかかった目で見ると実態を見誤ります。逆に、疑う余地のない鳥たちの感情の発露に対し、鳥に感情などないという古い固定観念のもと、「人間が勝手に擬人化しているだけ」と決めつけるのも大きなまちがいです。

本書では、鳥の飼育の現場から得られたデータをもとに、ここまではたしかと判断できる範囲内で、インコやオウムの快と不快、好きと嫌いについて解説していく予定です。

その前に、少しだけタコにふれてみることにしましょう。

注目が集まるタコ

哺乳類と鳥類は、ともに地上で暮らす脊椎動物であり、三億数千万年前に共通する祖先から分かれました。鳥は前肢（手）を翼に変えましたが、それでも両者にはさまざまな点で近さが感じられます。

一方のタコ。海中に棲む軟体動物で、無脊椎動物に分類されているように「骨」はありません。しかし、周囲の状況をじっくり観察したうえで、人間が見ていない隙に水槽から逃げるなど、人間を出し抜く「ずるさ」をもつことがわかってきました。タコが備えた知性が、そうした行動のベースにあると考えられています。

分類には未確定部分も多いため、はっきりとした数はわかっていませんが、タコの種類は三百種を超えると考えられています。その中で、よく研究の対象にされるミズダコは、日本の東北地方以北の海とアメリカ西海岸からアラスカにかけての海に生息する、最大で七〇キログラム以上にもなる世界屈指の大きさを誇るタコです。

そんなミズダコの脳はクルミ大で、ヨウムとほぼ同等。人間の三歳児相当——無脊椎動物最大の知能をもつと、専門家は推測しています。

研究によれば、タコが周囲の人間を見わけているのは確実で、さらには好きな人間と嫌いな人間までいるようだという報告もあります。大きく異なる姿ではあるものの、インコやオウムと同等の能力を、どうやらタコも備えているようです。

タコに関しては、行動の研究に加え、脳内、および体内の神経細胞についても詳しく調べられています。たとえば、情報の処理と伝達に関わる、おもに脳内にある神経細胞「ニューロン」を、タコは約五億個ほどもちます。イヌとほぼ同等の数です。ちなみに人間のニューロンの数は、約一千億個といわれます。

大きくちがっているのが、ニューロンが存在する場所です。人間やイヌのニューロンは大脳皮質に集中しますが、タコの場合、脳にあるニューロンの数はかなり少なく、その三分の二以上が足や胴などの脳以外の場所に存在しています。

タコの八本の足の中には脳に相当する神経組織があって、そうした〝小さな脳〟がそれぞれ独自に活動すると同時に、必要時には体幹にある本来の脳と連係して情報を共有し、複雑な動きを可能にします。こうした神経細胞の分布は、私たちから見ればとても異様ですが、体の構造や生活スタイルから見て、タコにとってはとても理にかなったものであるようです。

さまざまな点で脊椎動物とは大きく異なるタコですが、彼らもまた十分に発達した大きな脳をもっています。その働きはまだ解明中ですが、高度な判断ができるのは事実です。そして、先にも記したように「心」は脳に宿ります。発達した脳には感情が生まれ、個性も生まれます。姿かたちは異なっても、タコもまた、感情や個性をもつ知性ある存在であることを認めないわけにはいかないようです。

そんなタコの知性や感情についての研究は現在も各地で進行中で、判断力や好奇心、遊び心、個性などについて、今後もさまざまな報告が上がってくるはずです。将来、タコとインコの意識のちがいなどについて掘り下げられた論文が発表される日がくることも楽しみに待ちたいと思います。

タコやアンモナイトが属するグループの分類学上の正式な表記は頭足綱ですが、哺乳綱を哺乳類と呼ぶように、頭足類という名称が浸透しています。なお、アンモナイトの足にあたる軟体部は化石には残らないため、想像図となります。

タコと脊椎動物の分岐時期

タコの祖先は硬い殻をもっていましたが、現在のタコは殻を捨て、全身がやわらかい組織と筋肉からできています。祖先はオウムガイの仲間で、そこからイカとタコ、アンモナイトが分岐しました。

タコやイカ、アンモナイトなどは「頭足《とうそく》類《るい》」と呼ばれます。頭部からすぐに足が生えていることが名前の由来です。

タコの場合、体の中心部、二つの目がある部位が頭部で、両目の奥に脳があります。口は八本の足のつけ根——中央部分にあります。一見、頭のように見える袋状の部位が胴体で、その先端部の皮膚の直下に心臓

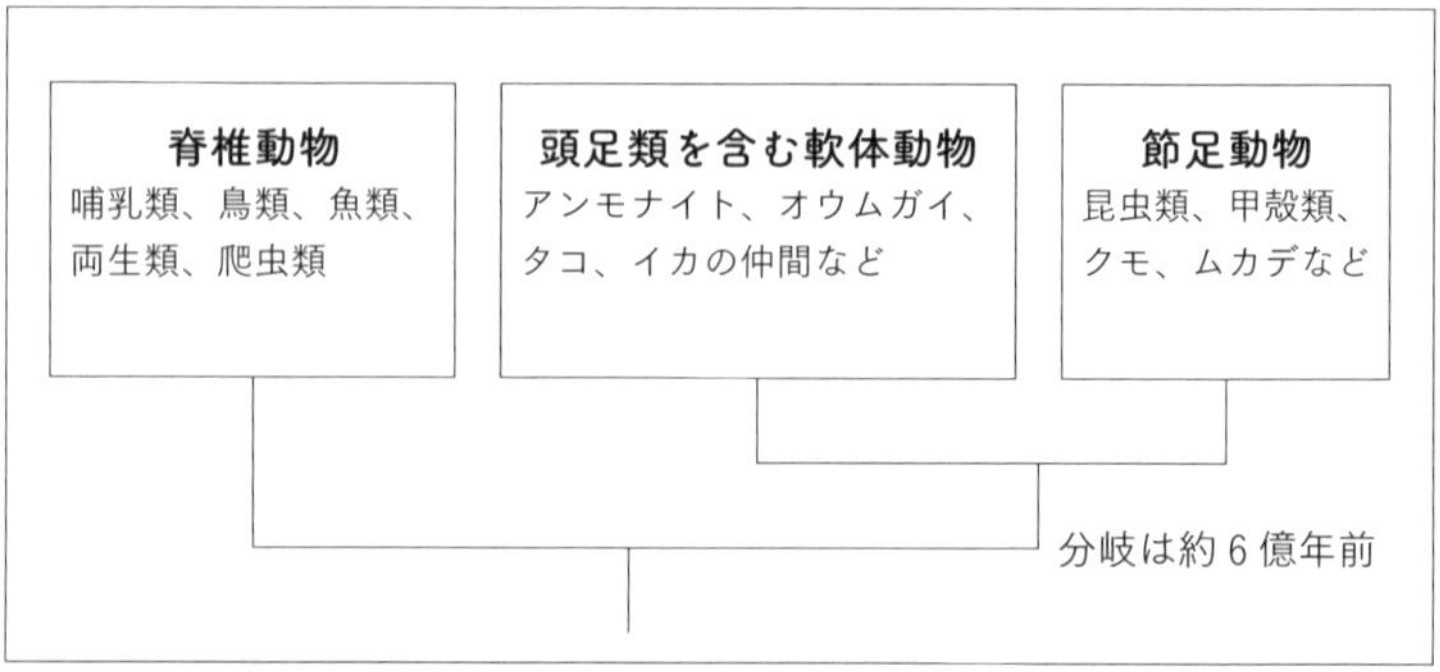

哺乳類などの脊椎動物、頭足類などの軟体動物、昆虫類などの節足動物の分岐の図。哺乳類や鳥類につながる系統が共通する祖先から分かれたのは約６億年前。先カンブリア時代、エディアカラ紀のこと。

があります。

タコの目にまぶたはありませんが、虹彩《こうさい》があり、レンズがあるなど、まぶた以外の構造は人間の目によく似ています。視力も意外によく、人間の基準で評価すると、０・６〜０・８と、少し視力が悪い人間とおなじくらいの視力があると考えられています。

生物の進化の中、単細胞生物が多細胞になり、やがてクラゲのような生物も誕生しました。タコやイカをふくむ頭足類の祖先と、魚類に始まる脊椎動物の祖先が分かれたのは先カンブリア時代のエディアカラ紀で、およそ六億年前のこと（上図）。

頭足類の祖先は、やがて二つのグループに分岐します。ひとつはそのまま頭足類をふくむ軟体動物となり、もうひとつが昆虫などをふくむ節足動物へと進化します。

人間が属する哺乳類、インコやオウムなどの鳥類、タコなどの頭足類にも、ハエやチョウなどの昆虫類にも共通する遺伝子が存在するのは、おなじ祖先から分岐したためです。

感情のめばえ

動物にも感情が存在することは、広く認められるようになってきました。そして現在、進化の中で、感情がいつ生まれたのかを探求するアプローチも始まっています。

脊椎動物と頭足類に共通する祖先は、小さく単純な生物であり、複雑な感情を生むだけの脳はありませんでした。それにもかかわらず、脊椎動物だけでなく、タコにも喜怒哀楽に相当するそれなりの感情があるのだとしたら、哺乳類や鳥類とは別に、進化の中で「独自に感情を手に入れた」ことになります。

つまり、まったく無関係に進化してきても、脳が十分に発達できた場合、そこに感情や個性が宿る可能性があることを、私たちは理解しておく必要があるということです。

本書が扱う内容から大きく外れてしまうため、ここではこれ以上解説しませんが、心や感情は、それぞれの動物群が進化していく中で独自に獲得した可能性があるということは、本書を閉じたあとも、頭のどこかに置いておいてほしいと思います。

3　哺乳類のほうが人間に近いという思い込み

人間は哺乳類だから

人間に近い、知性のある生きものの名前を挙げてほしいといわれたとき、多くの人が真っ先に思い浮かべるのは、おそらくチンパンジーでしょう。母親にしがみついて乳を飲む子どもを見て、やはり哺乳類の〝仲間〟だと実感し、微笑んでしまうかもしれません。

ヒトとチンパンジーは、およそ七〇〇万年前に共通する祖先から分かれました。両者のゲノム（全遺伝情報）のちがいは二パーセント以下で、分類上もおなじ霊長目ヒト科。チンパンジーも脳が発達していて、さまざまな知的な行動が見られることが知られています。

人間は、自分たちが属するサルの仲間を霊長類と名づけました。霊長類の「霊」は優れたものの意味で、人間のことを示す「万物の霊長」は、地上でもっとも優れた存在で、実質的に世界を支配するものという意味をもち、そのように自覚もしています。

霊長類の中でも人類に近い、オランウータン、ゴリラ、チンパンジー、ボノボとテナガザル科のサルを、ほかのサル（monkey）と分けて「類人猿（ape／エイプ）」と呼びます。映画『猿の惑星』の「猿」は monkey ではなく apes です（※apes は複数形）。

人間が属する哺乳類が生物の頂点に位置していて、魚類から鳥類までのほかの脊椎動物は哺乳類の下位存在と認識し、見下す傾向にもあるのも、こうした背景があればこそです。「卵で産まれてくるものは、胎生のものよりも下位」とも考えられてきました。「鳥はバカ」という誤解による「birdbrain」という呼び名も、「哺乳類のほうが鳥類より高等」という優越の意識から生まれたものです。

こうした意識は、鳥類を正しく理解することの大きな妨げになっていました。インコやオウムの言葉にしても、単にものまねをしているだけで、我々のようになにかを考えて言葉を発しているわけではないと言われ続けてきました。

書き換わる常識

人をまねて遊ぶ、余った食べものを隠しておいてあとから食べる、人の顔をおぼえて嫌いな人間に報復する――。カラスに関して、さまざまな報道があります。

どちらかといえば批判されることが多いカラスですが、行動をとおして、鳥にもこんなことができるのかという驚きの事実を、私たちに教えてくれる存在でもあります。

かつて、言語を使えるのは人間だけ、道具を作ったり使ったりするのも人間だけなど、この地球で人間だけが特別な存在と思われていました。しかし今、そうした認識は鳥によって、ことごとくひっくり返されていて、新たな事実も突きつけられています。

ジュウシマツのさえずりに「文法」があることが確認されたり、シジュウカラが意味のある鳴き声で仲間に情報を伝えていることがわかるなど、言語に関して、人間だけが特別であるという認識は変化しました。そもそも、道具を作ったり使ったりする種は、哺乳類よりも鳥類のほうがはるかに多いのです。

たとえば、木の枝や植物の葉を加工してエサを取るための道具をつくり、さらにはそれを持ち歩いて別の場所で使用することもあるニューカレドニアのカレドニアガラス。彼らの「道具をつくる文化」は群れで共有され、若いカラスは大人のカラスのやりかたを模倣し、試行錯誤しながら、自身の道具づくりとエサ取りのスキルを向上させていきます。

例を出すと枚挙にいとまがなくなるのでこのくらいにしますが、結論からいうと、鳥類が知的な能力において哺乳類に劣るというのは、人間のただの思い込みにすぎません。

人間が鳥類を見る際、「鳥なんかにできるはずがない」「自分が属する哺乳類のほうが

上」という優越感と〝哺乳類バイアス〟が、正しい認識をゆがめてきたと感じています。

では、心のありかたや感情表現はどうでしょう？

遺伝子が近い類人猿が人間に近い心をもっているかといえば、実はそんなことはありません。似ている部分もあるものの、意思の伝えかたなどに大きなちがいも見えます。

逆に、感情表現やコミュニケーションのしかたに、より近さが感じられるのは声やしぐさで伝えてくる鳥です。なかでも、インコやオウムの気持ちの伝えかたや喜怒哀楽の表現には、人間とよく似ていると感じられるところが多々あります。鳥類が人間に近い心をもっているはずがないという偏見なしに彼らを見ると、たくさんの発見があるはずです。

4　心にも見られる進化の収斂

収斂は心にも？

ペンギン（鳥類）のフリッパー（翼）、イルカ（哺乳類）の前肢（腕）、ウミガメ（爬虫類）の前足はよく似ています。海中を泳ぐ際、大きな推進力を得るために最適な形に進化してきた結果です。

生物が特定の環境に適応して似たような姿かたちに変わることを「進化の収斂《しゅうれん》」や「収斂進化」と呼びます。進化の収斂はさまざまな場所で起こっています。たとえば、効率的に海中を泳げるように進化した鳥類は、フォルムがペンギンに似てきます。

『鳥を識る』において、多くのページを割いて解説しましたが、鳥と人間は私たちが思う以上に、心のありかたや、そこから生じる行動に似ているところがあります。

一般に鳥は、人間と暮らすことで、野生に比べて豊かな感情表現を見せるようになります。インコやオウムはとくにその傾向が強く、心に浮かんだ感情をまっすぐ人間に向けてきます。高度に進化した脳がそうした行動と結びついているのはたしかですが、彼らがつくってきた群れの社会や、そこでの生きかたも大きく影響しているようです。

心にも進化の収斂に相当することが起きている可能性があるという主張があります。インコやオウムを見ていると、その主張を否定できません。人間の心がどのように進化していまのかたちになったのかという研究とあわせて、鳥たちの心の進化にもアプローチの手をのばし、合わせ鏡のようにして調べていくことが大切であると感じています。

5　心に余裕がなければ、感情はあまり表に出ない

心の余裕とはなにか

今でこそ、人間は余裕のある暮らしをしていますが、原始の時代は常に死と隣り合わせで、始終飢えとも戦っていました。

多くの人間が余裕をもって生きられるようになったのは実はごく最近のことです。文明が始まって以降、捕食される危険は大きく減りましたが、死の危険が激減したのは大きな

戦争がなくなってからでした。食料が安定供給されるようになったのも最近のこと。医療と衛生管理が進み、病気の心配が大きく減ってからまだ百年も経っていません。

しかし、野の生きものはちがいます。命の危険がある環境で、食料確保に必死です。野生の生きものの多くは、怒りや威嚇以外の表情をあまり見せません。特に鳥はそうです。内に豊かな感情をもっていたとしても、表に出す余裕はほとんどありません。

被食者側にいる野生動物の多くは、捕食者から逃げ、食べて眠るだけで一日が過ぎていきます。繁殖期には子育てが加わるため、暮らしはさらに過酷になります。

カラスからわかる余裕

ただし、カラスはちがいます。鳥であるにもかかわらず、雑食性の体と発達した脳のおかげで、ほかの鳥よりも効率よく食べものを見つけることができ、余った食料を保存してあとから食べる知能ももっています。それは「貯食」と呼ばれる行為で、少し経験を積んだカラスは、長期保存できるものとできないものを理解し、腐りやすいものから食べる、ということもします。

また、体の大きなカラスは小鳥よりも天敵が少なく、より安心して日々の暮らしを送る

ハシボソガラス。

ことができています。こうした点がカラスの心に安心感や余裕を生んでいます。

結果、カラスには暇な時間ができます。人間がそうであるように、暮らしの安全にも、食べることにも「余裕」ができたカラスは、「遊び」にも意識が向くようになります。

電線に逆さまにとまってみたり、ゴルフ場などでは落ちていたボールをつかって仲間と奪い合ったり投げたりして遊ぶ様子も見られます。娯楽としての遊びを楽しむ姿は、とても楽しそうに見えます。

家庭が余裕を増やす

ほかの鳥たちと比べて喜怒哀楽の幅がとても広いインコやオウム。そんな彼らも、野生の小型〜中型の種では目だった感情は見せません。余裕がないからです。

しかし、食べものをみずから探す必要がなく、命の危機もない安全安心な家庭という環境で暮らすようになると、インコやオウムはほかのどんな鳥よりも、つまりはほかのどんな動物よりも感情が表に出るようになり、人間側から見れば、しようとしていることをふくめ、その意思も読みとりやすくなります。

人間のもとで暮らすということは、心に大きな余裕が生まれることを意味します。ゆっくり食べていても、遊びに熱中していたとしても、捕食者に襲われる心配はありません。それもとても大きなことです。

人間は自身を家畜化した動物と評されることがありますが、人間の家にインコやオウムを招き入れるということは、文明化が進んだ社会の中で暮らす人間が享受している、自分を甘やかすことができる環境にインコやオウムを招いたことに等しいと考えられます。

そうした環境になじむことで、もともともっていた感情や性格が表に出てきやすくなります。わざわざ隠す必要もないので、インコやオウムは心のままに過ごすようになります。これは好き、これは嫌い。こうしてもらうことが好き、こうされるのは絶対に嫌。そんな「好き・嫌い」も見えるようになります。

第 2 章

心の発達と発達心理学

1　ヒトの心の成長からヒントも

鳥を識るためにヒトを知る

鳥を識ることで、より深く人間を理解したい。それが、書籍『鳥を識る』の内なるテーマでした。本書ではまず、それと反対のこと、すなわちヒト（人間）についてわかっていることから、鳥へのアプローチを始めようと思います。「逆もまた真なり」だからです。

誕生したばかりの生きものは、生まれついての性格（個的特性／気質）をもちます。また、身の回りの世界について、なにも知らない白紙（無垢）の状態で生まれてきます。

それは人間も、ほかの哺乳類の子どもも、インコやオウムのヒナも変わりません。一定以上に発達した脳をもつ生きものに共通する状況です。さらには、幼い存在が経験をとおして、さまざまなことを吸収して成長し、個として育っていく過程もよく似ています。

人間は数百年という時間をかけて、心と体の成長に関する学問を積み上げてきました。身体の時間的な変化（成長）に伴う心理面の成長や発達を追う学問は、「発達心理学」と呼ばれます。一般的な変化のみちすじだけでなく、変化に影響を与える要因や、人間の子どもが生まれながらにもつ「気質」についても研究が深められていて、研究書レベルのものから、個々の育児に寄り添う育児書まで、多くの本が書かれています。

発達心理学といえば、かつては「子ども」を対象とした、子どもはいかに育つかをテーマとする学問で、それを育児にどう生かしていくか考えていくものと思われがちでした。

しかし現在は、胎児期から高齢期まで、人間の生涯にわたる発達や変化を網羅する、スパンの長い心理学という認識が強まっています。つまり発達心理学は「生涯発達心理学」であると、この分野の専門家は主張します。そこでは、どう成長するかだけでなく、体とともに心がどう老いていくかも重要なテーマとなっています。

ここ数年、筆者は老鳥の心のありかたなどにも関心をもち、その領域の書籍にも関わってきました。人間の高齢期を扱う発達心理学の領域から学んだことも、『うちの鳥の老いじたく』『老鳥との暮らしかた』（ともに誠文堂新光社）などに反映されています。高齢あるいは病気になった人間と鳥の心理には、近い部分も存在するからです。

ものごころつくまでの時期はより近い

発達心理学旧来のテーマである「乳児から幼児の精神的な成長」についての解説は、イ

おなじように発達？

ンコやオウムが成鳥になるまでの心理面の変化の理解に役立てることが可能です。ヒトと鳥の幼い時期の認知の広がりや世界の受けとめかたには、とても近いものがあるからです。

もちろんヒトとインコやオウムは、生物として大きく異なります。鳥類は誕生からの数週間を駆け足で過ごし、国内でも多数が飼育されている小型〜中型のインコやオウムの場合、わずか数カ月で人間でいう成人の域まで成長します。ヨウムなど、大型のインコやオウムでは二〜三年の時間が必要ですが、それでも人間よりはずっと早く大人になります。短い期間で大人の心と体になるために、彼らは日々、多くのことを認知していきます。

なお、成鳥になったインコやオウムの精神的な年齢は、人間に換算すると二〜五歳ほどといわれます。

このようなちがいはありますが、両者の心には驚くほど似ている部分があります。

2　もって生まれたヒトの気質

生まれながらにもつ個的特性「気質」

繰り返しになりますが、生きものは身の回りの世界についてなにも知らない白紙の状態で生まれてきます。そして、それぞれが生まれながらの性格、「気質」をもちます。

発達心理学においては、「生まれながらにもつ個的特性」を性格ではなく「気質」と呼びます。本書でも、この呼びかたに倣《なら》うことにします。

トマスとチェスによって二十世紀の半ばにニューヨークで行われた、時間をかけた子どもの追跡調査から、人間の気質には九つのタイプがあることが見いだされ、その後、その成果が発達心理学の現場で広く踏襲、活用されるようになりました。

一九六三年の報告ですが、現在になっても古い感じはなく、意味のある分類と受けとめられています。

簡単な解説を加えたこの九つの気質を、左ページに掲載しました。トマスらはこれら気質にさらに評価を加えて、「扱いやすい子」、「扱いにくい子」、「出だしの遅い子（エンジンがかかりにくい子）」、「平均的な子」に分類しています。

これはもちろん人間の子どもに対する分類ですが、インコやオウムと暮らしているかたは、驚きとともに、「これは鳥の気質に関する情報なのでは？」という感想をもつかもしれません。ここに示した、人間の生まれながらの気質は、人間と似た心をもつ「人間ではない生きもの」にも、ほとんどそのまま当てはまるからです。

どんな気質の子が誕生するかは、生まれてみないとわかりません。子どものDNAは親から受け継がれたものですが、心はさまざまな遺伝子の影響を受けます。おなじ親から生まれた子どもだったとしても、最終的な性格はそれぞれちがってきます。

親の遺伝的な気質が子どもにどう受け継がれるのか、双子をとおした調査も行われていますが、似た容姿をもつ双子であっても、気質がまったくおなじではないことは、よく知られたとおりです。

生まれついての気質に、親の気質をふくめた育つ環境と、育つ過程での「経験」が加わることで、子どもの心は成熟していきます。

人間がもつ９つの気質

(1)　身体の活動性（活動水準）：たとえば一日の中の活発、不活発な時間の割合、身体運動の活発さ

(2)　生理機能における周期性：睡眠や排泄、空腹を感じるタイミングなどに関する規則性（規則正しさ）

(3)　新規の刺激に対する接近や回避：新しい状況や物事への反応（積極性／消極性）

(4)　環境の変化に対する順応性：新しい状況、環境に対する慣れやすさ

(5)　反応の強度：状況や刺激に対して笑う、泣くなどの反応の現れかたと激しさ。さまざまな外的刺激、空腹などの内的刺激の両方に対して

(6)　感覚刺激に対する敏感さ：どのレベルの刺激で反応するか（反応のしきい値）

(7)　気分の質：親和的行動、非親和的行動の頻度（快・不快の感情が表出する度合い）＝機嫌の善し悪しの度合い

(8)　気の散りやすさ：外部からの刺激による気の散りやすさ

(9)　注意の範囲と持続性：ある行動に対する（集中できる）持続時間と、活動が妨げられた場合の復帰のしやすさ

※気質とは、人間の行動特徴を形成する生得的な基礎からなる独自の特性や性質のこと（『発達心理学』学文社より）。

『よくわかる発達心理学』（無藤隆、岡本祐子、大坪治彦編／ミネルヴァ書房）、『発達心理学』（無藤隆、佐久間路子編著／学文社）、『発達心理学ハンドブック』（東洋、繁多進、田島信元／福村出版）ほかを参考に作成

3　鳥の性格

インコやオウムの心と人間の心

人間と、インコやオウムなどの鳥類の性格を比較するようなことは、これまであまり行われてきませんでした。比較しようと思う専門家もあまりいません。両者の意識の近さを認識している心理学の専門家は、ほぼいないといっていいでしょう。

野生の鳥の性格を把握することは、あまり現実的ではありません。野生ではなかなか表に出てこないため、実質的に不可能です。そうしたこともあって、意味のあることとは思われてこなかったという事実もあります。

オーストラリアの都市の公園など限られた場所で、キバタンなどの限られた鳥種についてなら、比較研究が実現する可能性はあります。しかし現状、インコやオウムの意識のありかたを把握し、人間と比較するような研究の実現はまだまだ遠そうです。

一方、さまざまな感情を見せてくれる、家庭で飼育されている鳥の性格については、インターネット時代になって、SNSをとおした情報交換がこれまで以上に容易になったこ

樹上で遊ぶ、野生のキバタン。

ともあり、調査がしやすくなってきました。

しかし日本では、一部の動物心理学者を除き、飼育されている鳥の内面に関心をもつ研究者はほとんどいないため、まとまった研究報告は、ほぼありません。ほとんどの鳥類学者は野生の鳥の生態に意識が向いていて、飼育下の鳥に関心をもつかたはごくわずかです。

そのため日本においては、研究者としての肩書をもちつつ、鳥を専門的に診ている獣医師に期待が寄せられています。近年になって、鳥の心理面も研究対象に挙げる獣医師が出てきたことを、とてもうれしく感じています。

筆者は動物文化誌の中の鳥類の飼育史が専門ではありますが、鳥の心理、特にインコやオウムの心のありかたの把握について、今後もできることをしていきたいと思っています。

インコやオウムの性格は人間に近い？

31ページに掲載した人間の気質を眺めて、自身の家にいる鳥もこの気質とこの気質の組み合わせだと実感した飼育者は多いはずです。

この四半世紀、直接会えたかたやSNSでつながっているかたにインタビューをして、ともに暮らしている鳥の性格や個性について調査をしてきましたが、多くのかたからとても人間に近い印象をもっているというコメントをいただいています。

取材をとおして話を聞いたケースはもちろんですが、インコやオウムと暮らしているかたと話をすると、必ず、うちの子はどんな性格で、どういう点がかわいく、どんなところに困惑しているのか——という話になって、盛りあがります。

性格のこと、そこから見える個性のこと、失敗談のこと、わざとするいたずらなどの困ったことのほか、日々、日常の中のたくさんの話を聞くことができています。

インコやオウムの中には、新しい環境、初めて会った人にもすぐに慣れてくれるものがいる一方、人見知り、鳥見知りの鳥もいます。神経質で、臆病な鳥もいます。飽きっぽい鳥もいれば、ひとつのことを延々と続けることができる鳥もいます。

人間の気質として挙げられた九つの分類をすべての鳥にそのまま適用することはできませんが、少なくともインコやオウムに関しては当てはまる点が多く見つかります。

種ごとの気質のちがい

なお、それぞれの個体ごとの気質に加えて、鳥種ごとのちがいも存在します。

たとえばセキセイインコは活発で、成長期はもちろん、成鳥になっても人間の小学生男児にも似た、ある意味、落ち着きのない性格が見えます。

生息地のオーストラリアにおいて、近い環境で暮らすオカメインコが慎重で臆病な性格をしているのとは対照的です。心理および行動において、インコとオウムの遺伝子的なちがい以上の差異が生まれていることを興味深く感じています。

生物種が豊かなジャングルなど、ほかの生きものが発する声がにぎやかで、少し離れた場所にいる同種に声が届きにくい環境で暮らすインコやオウムは、大きな声を発しやすい傾向があります。こうしたことも、彼らがもともともっている気質で、飼育者が迎える前に理解しておくべきことです。

種ごとの性格のちがいは、進化してきた環境やそこでの暮らしに影響されます。こちらも深いテーマであるので、後日あらためて別の書籍で解説したいと考えています。

4　人間の発達心理学から学べること

知ることが理解の第一歩

インコやオウムに限らず、生きものと暮らす際は、役立つ知識を事前に得ておくことが不可欠です。産まれる前の子ども、産まれたあとの乳幼児からは学べることがいくつもあり、その中にはインコやオウムとの暮らしにおいても、知識として役立つものがあります。それゆえ、人間の乳幼児から学んでおくことには意味があります。本書において、発達心理学を前面に置いているのも、そこから得られる知識がたくさんあるためです。

生きものは経験という点において白紙の状態で生まれ、そこに経験が加わって「大人」といえる状態に成長していきます。それは、すべての人間の知識や心は、経験がもとになって築かれるという「経験論」「経験主義」という考えに沿ったもので、こうした考えによってかたちづくられる哲学は「経験主義哲学」と呼ばれています。

生まれたときはすべてが無評価（＝白紙）。置かれた環境の中で、周囲と接しながらさまざまな経験をすることで、だんだんと評価ができていって、彼または彼女の中で価値観が定まっていくとされます。その中核には、「快」と「不快」に始まる「好き」と「嫌い」があります。好きと嫌いからインコやオウムの心を掘り下げることで、彼らの理解を深めようと企画されたのが本書です。

生まれた直後の認識と学習能力

人間でもインコでも、相手を理解するためには、生まれた直後、また生まれる直前にどんな力をもっているのか知ることが、その第一歩となります。

たとえば脳の機能。たとえば聴力。足裏および全身で感じられる振動。親の心臓の鼓動も、振動の形で伝わってきます。胎児が胎内で親の心音を聞いているように、鳥のヒナもまだ卵の中にいるときから、殻をとおして伝わってくるリズミカルな親の心音を聞いていています。

人間でもインコでも、産まれる直前、孵化する直前から、脳の学習機能は活動を始めています。たとえばその耳は出産、孵化以前でも聞こえていて、親の声や周囲の音を認識し

コザクラインコ、ヒナ。

ています。体は振動を感じています。つまり、これらの点に関しては、経験的に白紙の状態で生まれてくるわけではなく、既に知っている音や振動の世界の中に飛び込んでいくことになります。

子宮の中の胎児、卵の中のヒナは、呼びかける母親の声を知った状態で生まれてきて、誕生後も、その声をたよりに見上げた先にいるのが「親」であることを認識します。そしてその声や、手や翼、くちびるやクチバシをとおしたふれあいが、生きていくために必要なことを伝えることになります。

仰向けの人間の胸の上に、まだ幼いインコのヒナを連れてきて座らせた際、安心したように力が抜ける様子を見ることがあります。種はちがっても、足の裏から伝わってくる体温や心音が安心を届けてくれるものであることはたしかなようです。

生まれる前に聞いていた音、伝わっていた温かさが「安心感」をもたらします。

5　好奇心も重要な気質

未知のものに対する関心

インコやオウムには臆病なものが多い一方、幼い人間の子ども以上にさまざまなものに関心をもち、それがなんなのか確かめようとする傾向が強い個体も多く見られます。彼らの行動を見ているとたしかに、インコやオウムにとって「好奇心」というものが、とても重要な資質であることがわかってきます。

だとしたら、インコ目の鳥においては、人間で挙げられた九つの気質に「好奇心の強さと興味の対象を確認する行為」を加えたほうが、より正確に彼らの気質を俯瞰できるかもしれません。

小さな子どももインコやオウムの幼鳥も、好奇心によって世界を広げていきます。初めて見るものに対して「恐い」という気持ちはもちろんあります。しかし、その恐さが短時間で自然消滅したり、好奇心が恐怖に勝った場合、人間の子どもは指先でそれにふれてみます。手のひら全体でふれてみることもあります。口に入れたりもします。

パソコンのキーボードを外して遊ぶモモイロインコ。

インコやオウムは指のかわりにクチバシでふれてみます。かじることで、その材質がわかります。咬みごたえや質感、素材感もわかります。インコやオウムのクチバシのつけ根には鼻の穴があり、匂いのあるものなら、同時に匂いもわかります。かじると自然に舌もふれ、味がわかります。それによって食べられるものかどうかもだいたいわかります。

インコやオウムにとってクチバシは、さまざまなことが瞬時に把握できる万能のセンサーです。ゆえに、大人になってなお、「クチバシでかじる」ということは、彼らにとってごくあたりまえの日常であり続けます。

インコやオウムは地上に誕生したときから、かじることで素材を感じ取り、世界を広げてきました。家庭の中でも、おなじことをするだけです。かじって、食べて確かめてみる。過去に食べてみたものの中には、有毒なものや有害な寄生虫をふくんだものもありました。しかし、未知の食べものに向いた好奇心は、運の悪い鳥を殺した一方で、新たな食料を見つける手助けになりました。

確かめないと安心できない

家庭内にも、インコやオウムにとってなんとなく恐いと感じるものは存在します。長く彼らと暮らしてきた家庭では、鳥たちが恐怖を感じるようなものは、ほとんど人の手で取り除かれているはずですが、なにを恐いと感じるかはその鳥しだいのため、視界の中に恐いと感じるものが残っている可能性はあります。

以前に見たものに似ているとわかると恐くなくなるものもありますが、初めて見るものの多くは、たとえ動かなくても、本能的に恐いと感じます。それが自然です。

ただし、「恐い」と感じたあとの行動は個体ごとに大きくちがってきます。それぞれの感じかたや気質によって、行動が変化するからです。そこに「個性」が感じられます。

ゆっくり近づき、少しだけクチバシでふれてみるなど、〝自身を慣らすように〟しながら、恐さを克服するタイプもいれば、だれかがそれにふれたのを見て安心することで、恐

正体を確かめようと、ものかげから様子をうかがうオカメインコ。

怖を克服するものもいます。他力ではありますが、それもひとつのやりかたです。一方、恐いと感じたもののすべてから逃げようとする鳥もいます。その際にパニックを起こす鳥も少なくありません。人間で見られる行動の多くが、鳥たちの挙動にも見えます。

なかでも、飼育者の多くが興味深く感じるのは、「確かめたい心理」をもつ鳥です。

よくわからないから恐い。未知だから恐い。ということがわかっている鳥は、「それがどんなものなのか確かめてみれば恐くなくなる」という自身の心をよく知っています。

ものかげからじっくり観察して、あまり怖くなくなったら近づいてみる。近づいても恐いと感じなくなったらさわってみる。そんな行動も見られます。

近づきながら角度を変えて見るのは、左右の目で交互に見て、形状などを把握することで対象の正体に迫りたい、という意識なのでしょう。

このタイプの鳥には、「恐いけれど、興味がある」「好奇心はうずくものの、やはり恐い」という心理があり、心の中で「葛藤」も生じています。近づきたいが、あと一歩が踏み出せない逡巡《しゅんじゅん》する様子が見えたときは、まさに葛藤中と考えてください。

もちろん人間にも、なにが恐いのか自分にもよくわからない、ということがあり、その際に、本当に恐いのか、気のせいなのか、確かめてみたいと思うことがあります。「気になって眠れない」「確かめるまでは落ちつかない」という心理です。

安心するために確認したいというインコやオウムの心理は、人間よりも若干強めであるようにも見えます。その衝動の背後には、彼らの強い好奇心があるように感じています。

種の分化、拡散に導く好奇心も

好奇心は、最初は身の回りにあるものに向けられます。しかし、成長するに伴って、自分たちがいまいる空間（＝認知している世界）を越え、より遠い場所にあるもの、遠い場所にあると思われる空間にも向くようになります。

海の先に見知らぬ大陸があるかもしれない——。大航海時代、好奇心が呼ぶ冒険心に誘われて旅立った船乗りがいました。不幸もたくさんありましたが、結果として旅立った船は未知の大陸を見つけ、巨大な富を得たほか、地球が丸いことも〝発見〟しました。

鳥には人間のような未知への憧れはなく、人間のような欲に動かされることも基本的にありません。それでも、この海の先に食料豊かな島や土地があるかもしれないという予感めいた衝動はあるのかもしれません。繁殖地が手狭になったときや、暮らしている土地の食料事情が悪くなったときなどはとくに。

そういう衝動に、偶然や台風に流されるような「事故」が重なったことで、飛び立った鳥の一部は新たな島や土地を発見し、そこに新たなコロニーを築くことに成功しました。

そうやって居住地や繁殖地を広げていった結果、インコは南極を除く世界のすべての大陸の熱帯から温帯の広いエリアに分布するようになり、新たな土地にも適応して新たな種になったりもしました。

衝動に負けて無謀なことをしてしまう若者は人間だけでなく、インコやオウムの祖先にもいたのは、おそらく事実です。ですが、それが今の繁栄をもたらしたともいえます。さらに、新たな土地で突きつけられた試練が、彼らの脳にのちにつながる発達をもたらした可能性があることは否定できません。

第3章

快と不快、好きと嫌いが生まれる

1　最初に感じる、快と不快

快と不快

生まれた直後に感じた気持ちをおぼえている人はいないと思います。それでも、身近な新生児や映像を見て、どんなかんじだったのか想像はできるのではないでしょうか。

おむつが濡れて気持ちがわるい。体のどこかが痛い。お腹がすいた。眠い。そんなときには泣きます。その声で、親や、めんどうを見ている人間は、その子になにか不快なことがあると知り、原因を除こうとします。

逆に、穏やかに寝てくれているときは、不快がないとわかって、ほっとします。

生まれて最初に感じるのは、「快と不快」であることがわかっています。もちろんそれは、人間だけでなく、鳥のヒナもおなじです。

親の肌や羽毛、体温が感じられる。寒くない。声をかけられる。空腹ではない。うるさくない。安心できる。そんな状態のときに「快」を感じます。

体が冷えている。自分しかいない。空腹。まわりがうるさい。などがあると、たとえまだ言葉が使えない乳児であっても、泣くなどの方法で「不快」を伝えようとします。

この時期のインコやオウムのヒナは、自身ではまだ不快の主張ができないため、親や親代わりの人間が、その様子から不快を察し、必要な対応をする必要があります。その際、ただ不快なだけでなく、命に関わる状況もありうるため、飼育下では親に代わる人間の慎重な観察が不可欠です。

そして、幼い存在が、快や不快とともに感じるのが「恐怖」です。

生まれて時間が経ち、経験が増えてくると、経験から生じる恐怖もでてきますが、経験がゼロのときに感じるのは、理由のはっきりしない本能的な恐怖であり、なんだか恐い、なんとなく恐い、という気持ちです。それは、「不安」を呼びます。

庇護《ひご》してくれる相手の姿が長い時間見えないときに生じる不安などがそうです。短時間なら待つこともできますが、時間が長くなるほど不安は大きくなります。そこに「空腹」などの不快が加わると、不安はさらに増します。

「恐怖」は、生き延びるために生物がその身に得た、もっとも古い情動でした。

恐怖を感じることで、危ない相手や危険な状況に近づくことが抑制されます。逃げようと思ったり、助けを求めることができます。つまり、命を落とす危険が減ります。

恐怖は、そのための情動でした。

分離不安のこと

おもに乳幼児期に感じる不安について、もう少しふれてみます。

人間の子どもにおいて、母親と離れて感じる「母子分離不安」が問題になることがあります。分離不安はもともと、愛着をもっている相手やものから離れることで感じる不安のことをいいますが、家庭では、母親が視界から外れただけで泣く、常にそばにいてほしいと願う、などのケースが見られます。一般に、生後八カ月くらいから始まり、十カ月から一歳半くらいにもっとも強くなるといわれます。

野生の鳥の場合、数週間から数カ月で巣離れ、親離れをすることから、分離不安に相当する心理に陥ることはほぼなく、あったとしても、きわめて短い時間で克服されます。

飼育されているインコやオウムで分離不安が問題になるのは、ヒナや若鳥ではなく大人、成鳥においてです。

飼育者に対して絶対に離れたくないと思うほどの強い愛着をもってしまった場合、相手の姿がわずかな時間見えなくなっただけで不安におちいることがあります。

よく聞くのが、絶叫レベルの「呼び鳴き」や、トイレや風呂場についてきたり、出てく

愛情を強く求める大型のインコやオウムは、強い愛着から分離不安を起こすことがあります。

るまでドアの外で待つなどの行為。叫んだりしないものの、飼い主が外出した際、戻るまで一切なにも食べずに待つ鳥もいます。これも分離不安の一種と考えられています。

愛玩される動物では、イヌの分離不安が問題になることがありますが、インコやオウムの分離不安はそれに匹敵するか、さらに強いと考える獣医師もいます。

分離不安が強い鳥の場合、成鳥になっても人間を「親」と認識しているケースがある一方、つがいの相手と認識していることもあります。その両方、親にしてつがいの相手と思い込んでいるケースもあります。人間と鳥が精神的に相互に依存していて、どちらにも分離不安があり、強めあっているように見受けられるケースもあります。

いずれの場合も、ケアによってある程度の状況の改善は見られるものの、完全に解消するのはかなり困難です。

なお分離不安は、人間でも幼児期だけに限定されるわけではなく、大人になっても不安が消えず、生活に支障がでているケースもあります。

感情と情動

「アクション／モーション（行動）」が伴う感情を、「情動」と呼びます。

心理学の現場では、「情動」という表現が一般的で、心の中の状態とそれに伴う反応を的確に伝えられるものとして「情動」という表現が選択されます。そのため本章でも、章の頭から「感情」ではなく「情動」という言葉を使っています。

「情動」→　アクション（action）、モーション（motion）が伴う感情
action＝行動、活動　　motion＝運動、動作、しぐさ

◎ emotion（e＋motion）→情動
※ e- は「外へ」を示す接頭辞。e-motion で行動が伴う感情の意味になる。

◎ affection、feeling →感情（行動を伴わない、内なる感情）

「情動」→　誘発する刺激や出来事が特定できるもの。強い反応であり、始まりと終わり（＝因果関係）がはっきりしているもの。身体的な反応を伴うもの

心理学では、英語の「emotion」を「情動」と訳すのが一般的です。「emotion」はもともとは、生理的な変化として現れる強い感情や、感情によって引き起こされる興奮を意味する単語とされます。なお、喜怒哀楽は、英語では「emotions」と表現されます。

渡辺茂、菊水健史編の『情動の進化』（朝倉書店）では、情動を「1、誘発する刺激や出来事が特定できるもの」、「2、強い反応であり、始まりと終わり（＝因果関係）がはっきりしているもの」、「3、身体的な反応を伴うもの」と定義しています。「情動＝emotion」であることがよくわかると思います。

さまざまな場面で耳にする「feeling」が感情です。愛情や好意の意味で使われることの多い「affection」も、心理学ではおもに感情と訳されます。

快は好き、不快は嫌い、恐怖も嫌い

乳幼児も幼鳥も、「快」はそのまま「うれしいこと」として好ましく感じます。まだ世界があまり広くない幼子、幼鳥にとって「快」と感じられることが、最初の「好き」になります。逆に、「不快なこと」や「恐いこと・もの」は、最初の「嫌い」です。もちろん、「不安」もいやなことであり「嫌い」なことです。

羽毛に包まれたヒナは安心感に包まれています。「快」の状態です。

快・不快から始まった「好き」と「嫌い」は、やがてさまざまなものにふれる中、多方面に拡がって、個々の意識をかたちづくる中核に育っていきます。人間もそうですし、インコやオウムもそうです。ただし、一見、その個体の意思に見える「好き・嫌い」の中にも、遺伝子が決めているものが存在していま す。繁殖に関わる判断がそうです。

人間的なもの、動物的なもの

研究の現場において、人間的なものと動物的なものを分けて考えることが十八世紀までの主流でした。

しかし、進化に関するダーウィンの研究が世に拡がった十九世紀中盤以降、人間対動物のような「二項対立」は意味がないと考えられるようになり、逆に、情動の科学的研究の手段として、人間と動物のあいだに線を引かないことも重要という方向に舵が切られました。こうした方向転換も、ダーウィンの研究と主張が大きく影響しています。

それでも、脳が高度に発達しているのは人間だけ。脳の働きにおいて人間は特別、という意識は根強く残り、鳥はいまだに見下されがちです。偏見は少しずつ解消の方向に向かっていますが、鳥に関して人々の意識を変えていくための啓蒙はまだまだ必要なようです。

2　インコは感情を隠せない

インコやオウムと向きあう理由

人間やほかの動物と同様、心地よさを感じること、楽しさを感じること、うれしさを感じることをインコやオウムは好みます。人とよい関係にある鳥たちはとくにそうです。

本書がインコやオウムを対象にしている理由のひとつに、「内に抱いた情動をストレートに表現してくれること」、つまり「彼らには心を隠すという意識はないこと」、そして

「その表現が、人間にも、とてもわかりやすいものであること」が挙げられます。

　彼らの心に生じた、怒りも、喜びも、期待も、不安も、恐怖も、はっきりわかります。腹を立てているとき、人間がそれを無視すると彼らの声は大きくなります。声の大きさから不満の度合いが判断できます。期待が外れると、がっかりした気持ちが全身ににじみます。こうした点も、人間とおなじです。

　このようにインコやオウムが見せる気持ちは、原因が明らかで、行動がともなう感情、つまり「情動」であるわけです。加えて、なにかをしようと考えているとき、インコやオウムはしっかり対象を見ていて、どこに行ってなにをしようとしているのか、彼らとの暮らしに慣れた人間には一目瞭然ということがあります。

　また、彼らの「好き」と「嫌い」はきわめてはっきりしていて、確定された「好き」と「嫌い」は基本的に変化しません。だれかの意思によって改変されることもありません。

好きと嫌いの表出

　人やほかの鳥に対する「好き」「嫌い」は、好きな相手には積極的に「好き」を態度で示すのに対し、嫌いな相手は、そばにくると逃げる、威嚇する、無視するなどします。

大好き、大嫌い以外の相手に対する評価は、好きか嫌いかのデジタルな評価ではなく、グラデーションになっていて、だれよりだれが好きといったように、好きの度合いが順位づけられる傾向にあります。それは、対象が鳥でも人間でも変わりません。同様のことは食べものについてもいえます。

もちろん、好きでも嫌いでもない「無関心」も、あらゆるものに対して存在します。どうでもいい相手、対象は、インコやオウムにも存在するということです。

インコやオウムの無関心な対象への態度は「嫌い」に似ていて、関わろうとしません。ただし、無関心な対象が自分に興味を向けるようになり、それを迷惑と感じると、多くの場合、「大嫌い」に変化し、きっぱり拒絶することが多いようです。

ホルモンによる支配

章の冒頭でもふれたように、好きと嫌いの原点にあるのは「快」と「不快」です。

人間も鳥も、わざわざ不快な思いをしたいとは思いません。できることなら心地よくいたい、快楽に浸りたい。楽しいと感じ、「幸福な時間」を過ごしたいと思います。

幸福を感じているとき、人間の脳の中では「オキシトシン」の分泌が盛んになり、濃度

仲よく羽繕いをしあっているとき、ともに脳内ではオキシトシン（メソトシン）が分泌されています。

が高まります。出産や授乳の際に濃度が高まるだけでなく、肌のふれあいや楽しい会話、食事をいっしょに取ることでも増えることがわかっていて、「幸せホルモン」や「愛情ホルモン」とも呼ばれます。ホルモンが分泌されている状況を「好き」と感じます。

オキシトシンは哺乳類がもつホルモンですが、インコやオウムなどの鳥類ではおなじような状況で、同様の作用をもつ「メソトシン」が分泌されています。

オスによるメスへの求愛、交尾から産卵、育雛《いくすう》の時期にかけてこのホルモンは多く分泌されますが、相互の羽繕《はづくろ》いやキスなどによっても増えることが確認されています。

つがいの相手や、いっしょに育ち、たがいに好意をもっている鳥どうしで愛情の交換が行われる際、オスもメスもメソトシンが分泌されています。

羽繕いをしてもらっている際にうっとりした表情を見ることがありますが、そのとき彼らの脳では愛情ホルモンが分泌されていると考えてください。それは、オスどうし、メスどうしであっても変わりません。

なお、メソトシンの分泌はたがいに愛情を感じている人間との接触でも増えると考えられています。ただ確かめるための条件の設定が難しく、実験において正確な数値を得ることはまだできていませんが、遠くないうちになんらかの報告があるものと期待しています。

メソトシンもふくめてオキシトシンと呼ぶ

魚類、両生類、爬虫類、鳥類から有袋類《ゆうたいるい》までがメソトシンをもち、一般的な哺乳類だけがオキシトシンをもつことから、このホルモンの原型はメソトシンだったと考えることができそうです。

オキシトシンは九個のアミノ酸の結合によってできています。このうち、八番目のアミノ酸のロイシンがイソロイシンに変わるとメソトシンになることから、両者はきわめて近い構造といえます。そのため、おなじ試薬で分泌量等の確認が可能です。

なお、研究者のあいだで、異なる名称から、ふたつのホルモンがまったくちがうものと認識されるのは問題と指摘されたことから、オキシトシン類似のホルモンをまとめて「オキシトシン」と呼ぶようにしようという提案論文が科学雑誌「*Nature*」に掲載され、現在は、両者をまとめてオキシトシンと呼ぶようになっています。

3　好きと嫌いがつくる個性

「好き・嫌い」「いい・いや」で決まる価値感

インコやオウムの「好き」と「嫌い」を調べていくと、大きく三つの原点が見えてきます。ひとつは生まれもっての気質に由来する好き・嫌い、それから経験がつくる好き・嫌い、そして最後に遺伝子に刻まれた好き・嫌いです。

最後の好き・嫌いは、繁殖相手を選ぶ際の基準で、その鳥の日常の個性にはあまり関係しません。影響するのは先の二点です。

「急《せ》かされるのは好きではない」の「好きではない／嫌い」、「のんびり暮らすのが好き」の「好き」などは、もともともっている気質と関わる「好き・嫌い」で、その根底には「快」と「不快」があります。

仲良しのセキセイインコ。

一方、「あるものが好き、嫌い。この食べものは好き、嫌い。この味や食感は好き、嫌い。ある相手（鳥、人間、ほかの生きもの）が好き、嫌い。ある状況を好ましく思う、思わない」などは、経験によってつくられる「好き・嫌い」です。

気質由来の好き・嫌いと、経験からくる好き・嫌いが組み合わさることで、好みという点における、その鳥の個性、キャラクターができあがっていきます。つまり、人間とあまり変わらないかたちで、個性の一部をなす嗜好ができあがるということです。

「好き」と「嫌い」を基準に相手を見ることで、心の本質が見えてきます。人間以外の生きものに対し、理解を深められるひとつの方法であると考えています。

判断の高速化

経験がもとになった「好き・嫌い」の判断は、経験を積み、価値観が固まってくると処理が速くなってきます。初めて見るもの、相手でも、以前に見たもの、ふれたものと近いとわかれば、暫定的におなじ判断を下すことができるからです。あとになってちがいが見えて、やはり好き、もしくは嫌いと感じたなら、先の判断を修正すればいいだけです。

鳥のすばやい「好き・嫌い」の選択を見ると、彼らが直感的に判断しているように見えるかもしれません。もちろん直感的に判断することもありますが、多くの場合、鳥たちは自分の脳の内にある「判断のための情報」と照合して決めているだけで、実際は経験にもとづいた判断をしているにすぎません。経験によって築かれたデータベースが強固であればあるほど、判断は早くなって、あたかも直感的判断がされたように見えます。

たとえば人間についての判断ですが、インコやオウム、カラスなども、人間を見わける際、事前に脳内に溜め込んだ相手の特徴のリスト（＝データベース）と照合するようにして判断をしています。姿が見えず、声だけでもそれがだれかわかるのは、そういうしくみによるものです。このデータベースは、「好き」や「嫌い」もセットになっています。

この人よりは好きだが、あの人よりは好きではないなど、複数の人間を比較した場合の順番なども、そこにはふくまれています。好きの理由、嫌いの理由も、脳内ではっきりと把握されています。子育て時期のカラスが、ある特定の格好をした人間を襲うことがあるのも、こうした脳内の情報にもとづいた判断があればこそです。

ものに対する「好き」と「嫌い」についても同様で、経験を通して、脳内に似たようなデータベースがつくられていきます。たとえば、大好きなおもちゃに似たものを与えられたとき、これも好きになるかも、という予感のようなものを感じて、実際に遊んでみたあとに、やっぱり「好き」という印象が生まれて「好き」が確定し、強められていく。そんな判断が、インコやオウムの脳内で行われています。

本能が命じる好き

先にも少しふれましたが、気質に由来する好き・嫌い、経験による好き・嫌い以外の好き・嫌いも存在します。それは、繁殖に関わる本能が決める好き・嫌いです。

たとえばスズメ目の鳴禽《めいきん》の場合。メスの多くは、自分に向かって美しくさえずるオスに魅力を感じて、つがいの相手を決めているとされます。判断の流れはこうです。

セキセイインコ。声紋を取ると、オスがメスそっくりに鳴いていることがよくわかります。

美麗な声でさえずることができる
↓高いレベルで自身を訓練できている
↓さえずりの美麗なオスは優れたオス
↓優れたオスは子孫を残しやすい
↓だから自分はこのオスを選ぶ

はたから見れば、メスがみずからの意思でオスを選んでいるように見えますが、本当に決めているのは遺伝子。もちろん頭でこうしたことを考えているわけではありません。ここであげた意識の流れは、脳内にプログラムされたものです。

自分に向かって一生懸命歌ってくれるオスを純粋に好ましく感じ、それで相手を決めるメスもいるとは思います。しかし、結果として、遺伝子は強し、です。

インコやオウムの場合、パートナー探しの際、鳴禽ほどには遺伝子の影響を受けないと考えられていますが、たとえばセキセイインコのメスが、自分そっくりな声で鳴くオスに強く惹かれるのは事実です。オスは出会いののち、そうできるよう自身を訓練します。

セキセイインコのオスが人間の言葉をよくおぼえるのも、ひとつには、「好き」を伝えて仲よくなりたいという意識の現れと考えられています。

なお、セキセイインコの場合、つがいの関係が築かれたあと、オスが発するメスそっくりの声は、パートナーとの心の絆を強める効果をもつことがわかっています。一度つがいになったら生涯添い遂げることが一般的なセキセイインコにおいては、もともとはメスのものだった声で鳴き交わすことで、それを鎹《かすがい》として、たがいに対する「好き」の気持ちを強めあいながら、長い時間、連れ添っていきます。

歳を重ねてなお「好き」を伝え続けるのは大切なこと。人間も見倣いたいものです。

好きと嫌いのはざま

「好き」と「嫌い」の外側に「無関心」があります。インコやオウムには、おなじ無関心でも、完全に空気のような無関心と、「嫌い」の延長線上にあって、ふれたくもなく、関わりたくもない、という二つの無関心があるようです。人間にも前者のような無関心があり、後者のような距離のとりかたを見ることがあります。おなじと感じます。

一方で、決して無関心ではないものの、「好き」か「嫌い」かの判断がつかなかったものを、ひとまず「保留」にして、棚上げすることもインコやオウムにはあります。

たとえば物理的な事情から、近寄ってじっくり見られなかった場合などです。クチバシでふれることで一度に多くの情報が得られることから、インコやオウムはよく対象物をかじろうとしますが、それができなかったときも、心の中でいったん保留にし、次に見かけたときにかじって素材や味や舌触りを感じて、あらためて判断するということをします。

また、恐いけれど目が離せないものや、恐いと感じるからこそ正体を確かめるまで落ちつかないものが、インコやオウムにもあります。関心があるものの、危険か安全か判断ができなかったものに対しては、少し離れた安全な場所からこっそりと、ときに時間をかけて観察するといったこともします。そして、自分に害がないとわかると、近づいてふれて、それがどんなものか、「好き」か「嫌い」か判断しようとします。

正体が知りたいという強い気持ちがあり、近づきたいと思ってなお、恐い気持ちが消えないとき、彼らの心には近づいていいのかどうか迷う、「葛藤」も生まれます。

逡巡する気持ちは、冠羽のある鳥では冠羽に強く現れます。冠羽のない鳥でも、なかなか一歩が踏み出せない足運びなどに見えています。最終的に、惑う鳥の多くはその対象にふれます。さわってみると恐さは霧消し、おびえていた姿は一変。その後、楽しく遊ぶ姿が見られることもあれば、関心をなくしてその場から去ることもあります。

4　音楽・芸術に対して

インコやオウムは音楽が好き?

さえずる鳥、鳴禽には、同種成鳥のさえずりを、キーもふくめて完璧に記憶し、記憶の中のオリジナルと自身のさえずりを比較して、メロディやキーのずれを修正しながらオリジナルどおりにさえずる訓練をみずからに課すことで歌をおぼえる鳥が多数います。

一方、鳴禽ではないインコやオウムには、コピーするように歌を学習する脳の回路はありません。そのかわり、種によって、きわめて高い「言葉」の学習能力をもちます。

言葉をおぼえる際は、キーや音色もふくめて正確に記憶します。人の言葉をまねるインコやオウムの場合、話す人の声の高さを聞いて、そのキーに近づけた声で話すということができます。つまり男性と女性の声を、それぞれのキーのまま発することができます。

音楽が得意なインコやオウムは、この能力を音楽の再現に活用しています。

オウムの仲間であるオカメインコの場合、人の言葉をまねるよりも口笛をまねるほうがはるかに簡単です。そのため、人の言葉をおぼえる前に口笛をおぼえてしまった鳥は、人の言葉を話さなく（話せなく）なります。

また、多くのオカメインコは、聞いたメロディを正確に再現することよりも、自身でアレンジを加えることに楽しみを感じて、口笛をまねているあいだにどんどん原曲から離れていき、原型がまったくわからなくなることがあります。それが、彼らが好きな音楽の表現方法です。

一方で、飼い主の口笛に合わせて一緒に声を出してセッションをする個体がいることも確認され、論文にもなりました。そうした音楽センスのある鳥では、独自にアレンジすることもなく、飼い主が奏でるメロディラインをきれいに追うことができるようです。

インコやオウムとリズム

インコやオウムの中には、メロディはトレースできなくても、リズムは正確に追える鳥

音楽に合わせて踊るオウム。

がいます。東京大学で行われた実験では、セキセイインコが、耳にした複数の異なるテンポのリズムに同調し、おなじリズムでクチバシでキーを叩けることが確認されました。

　このほか、スノーボールと名づけられたキバタンが音楽に合わせて体をゆらし、踊ってみせたこともよく知られています。

　スノーボールはアメリカで個人が飼育していたオウムですが、YouTubeに投稿されたこのオウムの動画に専門家も注目し、飼い主の了解のもとで確認の実験が行われました。

　認知神経学者であるアニルド・パテル氏による実験において、メロディの速度を変化させても、それに合わせて踊ることが確認されました。

もとより大型のインコやオウムはよく踊ります。とくに白系オウムと呼ばれる鳥たちは、自身が気に入った音楽に合わせて、みずからの意思で踊ることが知られています。頭を上下に動かし、全身をゆすり、リズムに合わせて片足ずつステップを踏んだりもします。

インコやオウムが音楽に合わせて自発的に踊るのは、脳にそれが可能な回路があり、なおかつ音楽に合わせて踊ることが「好き」だからと推測されています。彼らは「楽しみ」として音楽に同調し、体を揺らします。それも彼らの生活の一部となっています。

鍋などの金属製品を連続してクチバシで叩いて音を出す「ノッキング」を楽しむオウムもいます。それが大好きで、気持ちが悪くなるまで叩いてしまったオカメインコが筆者宅にいました。彼は、ロックが好きで、ライブ会場で音楽に合わせて頭を振る、いわゆるヘドバンをする人間のような意識でノッキングを楽しんでいたのだと思います。

5　暮らしの中の「好き」と「嫌い」

寝るのは好き

人間と暮らすなかで、生活上の「好き」と「嫌い」もでてきます。

もともと群れの鳥であるため、おなじタイミングでなにかを食べるのは自然なこと。インコやオウムにとって、いっしょに食べることも「大好き」なことのひとつです。そんな心理を利用して、食欲が落ちたときにいっしょに食べることで食事を促す、という治療もよく行われています。

家庭は安全安心な環境で、敵がいないことを彼らも理解しています。つまり、敵に襲われる心配がないため、いつでも好きなときに寝たり、リラックスして過ごしたりすることができるということです。だらだらと過ごす人間を見て安心して、おなじようにだらだら過ごす時間を好みます。

一般的な人間から見て怠惰と評される人間を「好き」と感じ、おなじ家で暮らすことを歓迎します。その人間が過干渉せず、自分が望む距離でそばにいてくれると、さらにうれしさを感じます。たとえその人間が、人間社会でうまくいかずに引きこもっていたとしても、そうした価値観をもたないインコやオウムからすれば、かけがえのない「大好きな相手」です。

もちろん、そんな相手になでてもらったり、遊んでもらったりするのは大歓迎。笑いかけてくることも、声をかけてくることも「好き」。うれしいことです。

人間との暮らしにおいては、「食べる」、「寝る」、「遊ぶ（なでられるもふくむ）」が軸となります。それが問題なくできることが「楽」で、好ましいと彼らは感じます。

平和がいい

インコやオウムは基本的に争いを好みません。平和主義です。

しかし、好きではない相手と狭い空間にいっしょに置かれると、種によっては相手を傷つけたり殺してしまうような喧嘩になることもあります。

そんな大事にならないように、日ごろからそれぞれがよしとする「パーソナルスペース」を保とうとします。

個々の鳥が「快」でいられる距離を維持するのもともに暮らす人間のつとめです。

第4章

人、鳥に対する好きと嫌い

1　家庭内での「好き」と「嫌い」

どんなところか知ることから

家に迎えられたインコやオウムは、そこがどんなところか知ろうとします。部屋の広さやケージから見えるもの、窓の外の景色や聞こえてくる野鳥の声なども気にとめます。生活している人間の数や構成、ほかの生きものが家にいるかどうかも重要です。

初めて見る人間には緊張もします。もっとも緊張するのは、大柄な男性です。

現在、人に迎えられる鳥のほとんどが、個人宅かブリーダーのもとで生まれたものなので、当然、人間のことは見なれています。挿し餌《さえ》をされた経験もあります。それでも、自分を見つめる人間がどんな存在かわからないことから、本能的な恐怖も感じます。

家に同種の鳥がいるかどうかは、たとえ姿が見えなくても、聞こえてくる声でわかります。同種以外の鳥がいるかどうかも同様です。

たとえ異種でも、鳥がいればほっとします。自分がくる以前から鳥が暮らしている環境であることがわかるからです。いる鳥が同種なら、安心感はさらに高まります。

先住の同種とは、玄関を開けたとき、その声が耳に届いた瞬間に、顔も合わせていないのに鳴き交わすことがあります。オカメインコはとくにその傾向が強いと感じています。

初対面後

ヒナなど、ものごころがついていない幼い鳥では少し遅れますが、家に迎えられた鳥は、人間はもちろん、暮らしている鳥や鳥以外の生きものが、その家にとってどんな存在なのか、人間との関係もふくめて把握しようとします。それは本能的なものであると同時に、インコやオウム特有の、強い好奇心によるものでもあります。

飼い主となる人間が信頼できるかどうかは、早々に見きわめが行われます。接する時間が長いために判断材料が多いということに加えて、自分に好意を向けてくるこの人のことは、ひとまず好意的に評価しておこうという様子見的な思惑もそこには働いています。

ただし、飼育者に対する「安心できる相手」という初期の評価は、暫定的かつ直感的なもので、「好きな人間」と判じるまでにはいたっていません。あくまで信頼できる相手、安心できる相手であり、好意はあるものの、「だれより好き」という判断ではないということ。ヒナの場合はとくにそうです。自分を成鳥に育ててくれる親がわりの存在が必要で

人間のことを知りたいという気持ちには、そうすることが生きていくために必要と思う本能と、インコとしての好奇心が混じり合っています。

あることから、そのように接してもらえるような態度を本能的に取ります。

それゆえ、ときに誤解も生まれます。自分を「親がわり」と思っているようだという飼い主の認識は正しいのですが、「この子は自分が大好きだ」という確信は、思い込みであることも少なくありません。飼育者――あなたのことを本当に「好き」になるかどうかは、これからの接しかたしだい。つまり、現在は保留の状態にあると考えることが大事です。

家に複数の人間がいた場合、それぞれの個性や人間どうしの関係性を眺めたうえで、この人間は好き、この人間はあまり好きではない、この人間には関心がないなどの評価がくだされていきます。そして、ゆっくり、それぞれとの関係が築かれていきます。

ほかの鳥との関係

家庭内のほかの鳥との関係は、相手がどういう個性をもっていて、どういう態度を示すかによって変わってきます。

新参の鳥に対して興味津々なフレンドリーな性格の鳥もいれば、「そばに寄るな」という態度を必要以上に強く示す鳥もいます。歳と性格が近いことをたがいに察した鳥どうしが急激に仲よくなることもあります。若い鳥にはよく見られます。

新参の鳥が完全に空気の読めないタイプだった場合、自分の気持ちや自分がしたいことを常に優先するあまり、最終的に先住の鳥から嫌われてしまうこともあります。

この鳥は好き。この鳥は大好き。この鳥はあまり好きではない。この鳥は嫌い。この鳥には興味がない――。最終的にそれぞれが、それぞれの判断をします。基準は個々の鳥の内にあるため、人間の目には、好き嫌いの理由がよくわからないこともしばしばです。

なお、インコやオウムの場合、時間をかけて相手の好き、嫌いを判断できた場合、のちにそれが変化することはほとんどありません。

2　最愛の人

人間に対する「好き」には順番がある

「飼い主は自分なのに、うちの鳥はほかの家族のほうが好き。ほかの家族にばかりなついている。納得がいかない」という声を、ときおり聞きます。

エサや水を換え、夜は眠らせる。この子をいちばん愛しているのは自分なのに、ケージの扉を開けて放鳥すると、ほかの人間のところに飛んで行って甘える。それが許せない、と語る人もいます。

インコやオウムは、人間が思っている以上に、よく人間を観察しています。

家族の多くが鳥好きで、それぞれが鳥に嫌われない飼育のスキルをもっている場合、ともに暮らす鳥たちは、多かれ少なかれ家族全員に「好き」という感情をもちます。

ただし、その「好き」は、「順番のある好き」です。そしてその順番は、直感も強く影響した、その鳥の心の中の順位になります。決めるのはその鳥。人間は干渉できません。

いわゆる飼い主がだれかは、もちろんその鳥も理解しています。しかし、だからといっ

人とインコのあいだであっても、最愛と呼べるほどの深い愛情は育っていきます。

て、その人が鳥の中で「絶対的ないちばん」になるとはかぎらないということです。

最愛の人がいない放鳥時、その鳥は家の中で二番目に好きな人のところに行きます。二番目の人もいない場合、三番目に。いちばん、二番、三番と……だれもいない場合、遊んでくれそうな相手のところに行きます。彼らにとってそれは、きわめて自然な選択です。

ところが、二番目や三番目に好きな人と親密な時間を過ごしているときに、いちばん好きな人間が帰ってくると、それまでの親密さが嘘だったように、最愛の人にすり寄って、「大好き」を振りまきます。インコやオウムと暮らす人々のあいだで、「本命が帰ってくると、二番は捨てられる」といった言葉がときおりささやかれますが、事実です。

最愛

インコやオウムが「最愛の人」と感じる人間は、まず第一に、その鳥自身が「この人のことが大好き」と強く思う相手であること。自分に好意を向ける人にはうれしさを感じますが、心地よさを感じながら、いっしょに過ごせる相手であることがなにより大事です。「この子！」と感じた鳥を家に連れてきて、「好き」を伝え続けた人間（飼い主）の気持ちはもちろんしっかり伝わっています。多くはその人間が、いちばんに愛情を伝えたい相手になりますが、絶対にそうなるわけではありません。

なお、インコやオウムの場合、ヒナから育てなくても愛情で強く結ばれた関係を築くことは可能です。まだ親鳥を必要とする幼いヒナを無理に親から引き離す必要はありません。人間とおなじくらいの寿命をもつ大型オウムを先の飼育者から引き継いで飼育するケースでも、人間のことを信頼している鳥で、なおかつ新たな飼育者も鳥に対するリスペクトがしっかり伝えられる人間だった場合、最愛の地位もまた、ゆずり受けることが可能です。人も鳥も幸せであることを願って暮らせる者どうしのあいだで、信頼は絆となります。

かつて「最愛」だった人間が存命であり、定期的に会える場合、その鳥はその相手にも惜しむことなく愛情を伝えます。「愛」は半分ずつに分けるようなものではなく、好きな相手とともに増えていくものであることを、こうした事例からもあらためて実感します。

一目惚れ

インコ目の鳥と人間のあいだでも、一目惚れのような直感的な「好き」に始まる愛情関係は存在します。人間どうしの場合と同様、勘違いや都合のよい誤解から始まる関係もありますが、そこから本物の信頼と愛情に発展して、何十年もよい関係が続くことがあります。どんなきっかけだったとしても、最終的に幸せであればそれでよしです。

鳥と人間のふれあいにおいても、たがいにオキシトシンは分泌されていて、なでること、なでられることに「快」を超えた幸福を感じているのは事実です。それは概ねおだやかな感情ですが、鳥側においてパートナーという認識が強まると、様相が少し変わってきます。大好きな人間がほかの鳥と楽しそうにしている様子を見ると怒りが湧いてきて、その鳥を攻撃することがあります。

もちろんそれは嫉妬です。オカメインコやセキセイインコでは、流血の惨事に至ることはあまりないのですが、嫉妬深い種、そのなかでもとくに嫉妬深い個体の場合、相手に大ケガをさせたり、最悪、殺してしまうこともあるので注意が必要です。

3 野生の鳥の好きと嫌い

好きや嫌いも生活の一部

インコやオウムの多くは群れで生活します。繁殖期はつがいで過ごすことも多いのですが、ヒナが少し成長して自力でエサが探せるようになると、ゆるく群れの生活に戻ります。

草原や林で暮らすオーストラリアの中型〜大型のインコやオウムの場合、その年に生まれた若い鳥たちが民家近くの公園の草地などに集まって遊ぶ様子も見られます。

公園で取っ組みあって遊ぶオーストラリアの野生のアカビタイムジオウム。

現地の人々から、愛情をもって「幼稚園」とも呼ばれるそうした集団での過ごしかたをとおして、群れでの生活や社会性を学んでいくようです。もちろん、それぞれが異なる個性をもった個体であるので、歳の近い同種であっても、仲よくなれる鳥もいれば、そうでない鳥もいます。こうした点からも、好きや嫌い、相性があることを実感します。とはいえ、無駄な喧嘩はしません。仲よくできる相手と遊び、そうではない相手とは距離を置く。群れで暮らす鳥の社会性が、ここでも生きています。

ほかの鳥とのつきあいをとおして、どういう行動が相手から嫌われるかなども学んでいきます。相性のよい同性、異性とのつきあいかたを学びながら、将来の伴侶とも自然に出会っていくのでしょう。

4　好きになったのだからしかたがない

好きな人間のタイプは鳥それぞれ

インコやオウムは、人間の容姿やファッションを気にしません。髪の毛の中にもぐりこんで遊ぶことが好きな鳥は、長い髪の女性を好んだりもしますが、短く切ったからといって嫌いになることはありません。また、髪だけがその人物の判断材料ではないので、切ったり結んだりして髪形を変えても、その人がだれかわからなくなることもありません。人間なら気になる清潔感や、実際に清潔かどうかも気にしません。週に一度しか入浴しない人間だったとしても問題なし。それを気にするのは人間だけです。

片づけられない人も問題にしません。さすがに、よくわからない、ちょっと恐いと感じるものが家じゅうにあると警戒もしますが、それで人間自体の評価が変わることはありません。人間ならパートナーにはしないタイプであろうとも、まったく気になりません。

まさに、好きになったのだからしかたない、です。

鳥が好きになるポイントは、雰囲気と精神性、つまり内面、そして自分との相性です。信頼できる相手で、安心できる相手で、ちゃんと自分を見てくれて、いっしょにいて楽しい――。人間が人間を好きになるのとおなじようなプロセスで、インコやオウムも特定の人間が好きになります。たがいの相性は、日々の暮らしをとおして再確認され、よい相手という実感が強まるにつれて、愛情も深まっていきます。

一方、「好きになる」ということに関して、インコやオウムの心は人間よりもずっと柔軟です。状況もふくめて、ありのままに受け入れます。相手が異種でも、巨大な人間でも、

インコやオウムが人間を好きになるとき、外見は一切問題になりません。

同性であっても、「まぁ、そんなもの」と受け入れていきます。「好き」は強いのです。

そして、この相手が「好き」と強く思い、特別な存在と認識するようになると、よほどのことがないかぎり「好き」という気持ちは変化しなくなります。

好きがゆえの喪失感

長くともに暮らし、大好きになった人間が突然亡くなってしまった場合、インコやオウムの心には修復できないほどの深い傷が残ってしまうことがあります。人間が近親者を失ったときのような状態に彼らも陥ります。感じている喪失感は、同質のものです。

どんなペットロスよりも愛鳥を失ったロス

は大きく、立ち直るのにも、とても長い時間がかかるという記事が配信されたこともあります。なぜ、鳥のペットロスはつらいのかということについて、老鳥の本を書いている筆者のところにもインタビュー取材がきました。

相互に愛情を伝えあって長い時間を生きたインコ目の鳥と人間の場合、残された者の心に大きなダメージが残ります。インコやオウムが残されたケースでは、失意から体調を崩し、食事もできなくなって死んでしまう例もありました。インコやオウムにとって、好きな相手を失うことはそれだけつらいことであり、軽く考えられることではないのです。

こうした状況に対応できる施設をつくったり、回復プログラムをつくったりすること、回復のための専門家の育成も、鳥類飼育におけるこれからの課題とされています。

異種の仲良し

小さなインコからすれば、人間は巨大な生きものです。それでも、好きになるという最初の大きなハードルを越えてしまうと、異種で巨大ということを除けば、同種とつきあうこととなんらちがいはなくなります。

そんな人間と比べるとまだ差が小さい、小型のインコと大型のインコやオウムが仲よくなることも、彼らはもちろん気にしません。同様に「好きになったのだからそれでいい」という意識で日々を暮らすようになります。

ヨウムとウロコインコ、タイハクオウムとマメルリハなど、インコ目どうしで仲よくなるケースがあるほか、セキセイインコとドバト、オカメインコと文鳥など、ハト目やスズメ目の鳥とも仲よくなって、楽しい日々を過ごしているケースも見られます。

同性カップルもふつうに存在

食欲旺盛なヒナを育てるのに手間のかかる種は、オス・メスが協力して育雛をします。ヒナが自力でエサを探せるカモ目はメスだけで子育てをしますが、身近なスズメ目のムクドリやカラス、スズメはもちろん、インコやオウムもつがいが協力して子育てをします。

オスと交尾をしないと受精できないため、自身の子を残すためには一度は雌雄でつがいを形成する必要がありますが、卵を産んでしまったあとは、必ずしも雌雄がカップルでいる必要はありません。いっしょに育ててくれるパートナーがいれば子育ては可能です。

抱卵、育雛は「本当に好き」な相手としたいメスもいます。たとえばハワイ、オアフ島でコロニーをつくって繁殖するコアホウドリ。日本近海でも日にするアホウドリの仲間で

卵を抱いて孵したい、子育てがしたいと願い、その思いを叶えたオスどうしのカップルがデンマークの動物園にいました。

すが、鳥類学者が調べてみると、この島で繁殖するコアホウドリの、実に三割ものカップルが同性でした。生まれたヒナはどちらかの血しか引いていませんが、それでも、本当に好きな相手と子育てをしたいという願いは満たされます。一見、究極の選択に見えますが、彼女たちにとっては唯一正しい選択なのかもしれません。

　デンマークの動物園では、どうしても子育てがしたいキングペンギンのオスどうしのカップルに抱卵放棄したメスの卵をあずけたところ、雌雄のカップルのように交代で卵を抱き、見事に孵化させてヒナを育てあげたことがありました。

　こうした例のように、好きになった相手は〝たまたま〟同性だっただけ。それはたいしたことではなく、障害ですらないと感じる鳥は意外に多いのかもしれません。いずれにしても鳥の世界において、同性のカップルが一定数いるのは確かな事実です。

　飼育されているインコの同性カップルの話も、よく耳にします。オスどうし、メスどうし、どちらもあります。彼らが子孫を残すことはないものの、天寿をまっとうするまで仲よく暮らした例はいくつもあります。「うちの男子どうしのカップルは、眠るときはぴったり体を寄せ合って、趾《あしゆび》を重ねて眠っていました」という飼い主の報告もありました。

5　恋はする？

「好き」の質

　人間の「好き」は、いくつかのタイプに分かれます。

　恋をして感じる恋愛感情的な「好き」から、そばにいると居心地がよいという、まったりした「好き」、友情の延長上にある「好き」までさまざま。長くいっしょに暮らした相手に対する「好き」は、若いころに感じていた「好き」とはちがっているともいわれます。

好きな相手と相互に羽繕いをしているときや、キスを交わしているとき、口移しで食べものをもらっている／渡しているとき、鳥たちの脳でもオキシトシン（厳密には鳥ではメソトシン）が分泌されています。こうした事実が判明してくるにつれて、インコやオウムの「好き」という気持ちには、人間に近いものもあると感じるようになりました。

鳥の繁殖期のことを、一般に「恋の季節」と呼びます。オスのさえずりを「恋の歌」と呼ぶこともあります。繁殖期において、さえずっているオスとそれを聞いているメスのあいだには、これからの子育てに向けた、「好き」に相当する気持ちが存在すると考えられています。ただしそれは、人間がもつ「恋愛感情」のようなものではなく、遺伝子がつくる、本能に強く支配された「好き」であると考えられてきました。

二〇〇八年、キンカチョウのオスがメスに向かってラブソングを歌っているとき、脳内で欲求や幸福感、満足に関わる神経伝達物質のドーパミンが大量に放出されているという報告が理化学研究所からありました（米国の科学雑誌「*PLoS ONE*（現 *PLOS ONE*）」二〇〇八年十月一日号に掲載）。なお、ドーパミンの放出はメスに向かって歌っているときだけで、自分だけで歌っているときにはありませんでした。

メスに向かって歌うキンカチョウの脳は、ドーパミンによって神経回路が活性化され、快楽寄りの幸福感を得ていると報告は指摘します。ドーパミンが作用しているのは、人間

キンカチョウ。

が麻薬を摂取した際に活性化するのとおなじ脳の「報酬系」と呼ばれる回路であるとも。

歌を聞いているメスが、自分に向かって歌ってくれるオスを「好き」と感じ、歌を聞くことで幸福感を得ているのと対照的に、歌っているオスにとってはメスに向かって歌うこと自体が「快楽」であるということを、これは意味します。繁殖に向かってメスの気を引くために歌い続けるには、はげましとなる脳内麻薬が必要で、その物質がドーパミンであったようです。

つまり、歌うオスと歌を聞くメスでは、感じる幸福感も、「好き」の質もちがっていたと推測できます。そんなさえずりを雌雄それぞれが、それぞれに必要な受けとめかたをすることで、最終的に繁殖が上手くいっていたのだとしたら、子孫繁栄のための見事な戦略といえます。いずれにしても、繁殖期の鳴禽類の心の中の状態は、思った以上に複雑のようです。

一方で、さえずりをもたず、相手とのふれあいをとおしてオキシトシン的な幸福感を感じているインコやオウムは、内にもつ「好き」の質や伝えかたの表現において、さえずる鳥ではなく、どちらかといえば人間に近いものになっていると考えることができそうです。

理想はない

「メスの心には理想の相手のイメージがあるの？」と聞かれることがあります。

結論からいうと、種として感じる「異性の魅力」や、つがいの相手を選ぶ際の「判断基準」は存在します。それぞれの好みも存在しますが、「その好みは理想ということか？」と聞かれると、よくわからないと答えるしかありません。

野生では選択の幅が狭く、身の回りの鳥の中からパートナーを選ぶことになるため、好みがあったとしても、思うような相手を選べる可能性は高くないと考えられます。つまり、選べる範囲の中でもっともよい相手を選んでいると考えることができます。

その場合も、選択の第一の基準は、しっかり子孫を残せる相手ということになります。

鳥にとって、自身の血を受け継ぐヒナを孵《かえ》し、そのヒナがさらに子孫をつなげていくことがなにより重要なのだとしたら、こういうオスを選べと本能が命じた選択が、その鳥にとって理想的なもの——最良のものといえるのかもしれません。

おなじ種の鳥をたくさん飼っていて、いわゆる自由恋愛が許されている家庭では、複数の異性を見て、よい相手を選ぶことも可能に見えます。しかし実際は、比較ではなく、生まれてからのつきあいをもとに、直感的に相手を選んでいるようにも見えます。

6　死ぬまで嫌い

心の傷は消えない

暴力的な虐待。完全無視や放置。育児放棄。そんな状況に置かれているインコやオウムもいます。彼らは二歳から五歳の子どもがそうされて感じるのとおなじ苦痛を感じています。とくに脳が発達した大型のオウムやインコにおいて問題は重大で、彼らが心に負った傷は終生残り続けると考えられています。

米ミネソタ州に置かれた、心的外傷（トラウマ）を負ったオウムの保護施設にいたオスのタイハクオウムが、施設において、「複雑性ＰＴＳＤ（心的外傷後ストレス障害）」の診断を受けたことが雑誌「クーリエ・ジャポン」にて紹介されました。二〇一六年のことです。

診察した心理学の専門家は、このオウムのＰＴＳＤは、戦争捕虜や強制収容所から生還した人々の症状とほとんどちがいがないと証言しました。

人間のＰＴＳＤでは、ひどく衝撃的な出来事を体験したのち、一カ月以上の時間が経過してなおフラッシュバック的に思い出して苦痛を感じるなど、日常生活に大きな支障がでるケースがあることが知られていますが、オウムの場合も同様という指摘でした。

ＰＴＳＤでは、周囲の状況や物音に対して過剰に警戒したり、ほんのわずかな刺激にも体がびくっと反応してしまうような驚愕反応も見られます。始終イライラする様子が見られるほか、自傷行動をしてしまうこともあります。過度な攻撃性を示すようになることもあります。インコやオウムでも同様の反応が見られます。

オウムも睡眠中に夢を見ます。聞き取りができないため、彼らが見ている夢の内容を知ることはできませんが、トラウマが夢にも影響を与えている可能性は否定できません。もともと鳥は短い睡眠を重ねて一定の睡眠時間を確保していますが、本来のかたちの眠りが

適切な治療を必要とする鳥がいます。専門家の誕生が待たれます。

取れず、きわめて短い時間に連続して目をさましてしまうこともありえます。

大型のオウムでは、五十年を超えて生きることも珍しくありません。タイハクオウムの場合、七十歳を超えて生きる個体もいます。つらい経験から生じた記憶は、長寿であることが災いして長く記憶に残り、何十年も苦しみ続けると考えられています。

小さなインコでは細かいことはあまり記憶に残らないとされますが、それでも恐かった体験などは強く記憶に残り、それは長期間、維持されます。治療が必要なケースもあると考えられています。

人間を原因とする大きな心的外傷を負った鳥は、適切な治療なしには回復できません。しかし日本には専門家もいなければ、治療プログラムも存在しません。人間の精神科医に相当する、インコやオウムのメンタル面の治療ができる獣医師や心理学者の誕生が待たれています。それが早期に実現することを祈ります。

心の傷は消えない

トラウマが残らなかったとしても、自分に対して長期にわたって攻撃的だった鳥や、虐待をした人間に対して、インコやオウムは悪感情をもちます。はっきり「嫌い」と認識し、ときに攻撃的な心理をもつこともあります。

人間のような「恨み」や「憎しみ」の感情を彼らがもっているかどうかはわかりません。それでも、相手を見ることで、過去にされたことが心によみがえるのは事実です。

たとえ小さくても、心の傷は心の傷。人間の恨みのような強い負の感情ではないとしても、「許せない」と思うことは、生物としてもつ自然な意識なのかもしれません。

第5章

理由のある好き、ない好き

1　家庭の中のいちばん

わかる基準、わからない基準

前章でもふれたように、インコやオウムには好きな人間の「順番」があります。部屋の中にいちばん好きな相手がいる場合、放鳥時はその人への密着度が高まります。全身から、「ずっとそばにいたい」という気持ちが伝わってきます。それは、いっしょにいる人間にも、まわりの家族にも、はっきり見えるかたちの「好き」です。ときに、ほかの人間は視界に入らず、ほとんど無視というエゴイスティックな「好き」でもあります。

しかし、その人間が不在の放鳥時、その鳥はためらうことなく二番目に好きな人のところに行き、「あなたのことが好き！」という態度を取ります。

いちばん好きな相手がいないときはこの人と遊ぶ。その人もいないときは、こっちの人というように順番が決まっていて、そうした相手と楽しい時間をすごすのは、インコやオウムにとってきわめて自然なことです。

彼らにとってそれは、身についた処世術のようなものですが、その背景には家族という人間集団に対する信頼があり、「人間が好き」という気持ちがあります。人間が好きだからこそ、心の中に二番目、三番目に好きな人間がもてるわけです。

完全に嫌いな人間を除き、複数の人間に対しておなじようにフレンドリーに接するインコやオウムもいます。いちばん好きな人間がいたとしても、それはそれとして、おなじ家（＝群れ）で暮らすほかの人間ともうまくやっていきたいと思うのも、彼ららしい生きかたといえます。

一方、人間に対して警戒心をもち続ける鳥は、だれかに対して「好き」という感情を見せることがほとんどありません。人に馴れず、生涯「荒鳥《あらどり》」として生きるインコやオウムが、そうした鳥の代表です。

それでも、家庭という環境で生きていくのに不利にならないように、それほど人間が好きでなくても、鳥によっては、「好き」を装って人

幼いセキセイインコ。

間に接することがあります。生きやすくするためのある種の「方便」ではありますが、裏を返すと、それもまたしっかり生きていくためにできる、その鳥なりの歩み寄りといえるかもしれません。

なぜその人が好き？

人間の場合、やさしくしてくれた、たいへんなときに支えてくれた、などの好印象をもったことをきっかけに、だれかを好きになることがあります。いっしょにいるうちに「なんとなく好きになった」ということもあります。「なんとなく」で始まる「好き」は、インコやオウムにもあるようです。

いやと思う部分、恐いと感じる部分がないことも、鳥が人間を好きになるための重要なポイントです。大きな声で話す人間や威圧的な人間が鳥たちは大嫌いで、そうした人間には恐怖も感じる一方、そうした部分が皆無の人間は、好きになりやすい傾向があります。

インコやオウムが絶対に好きにならないタイプの人間のリスト化は容易にできますが、その鳥の感じかたを正確に把握することは不可能なため、どうしてこの人間が好きになったのか、はっきりさせるのはかなり困難です。毎日見ていても、なぜ好きなのか、どうしてその人間が二番で、こちらの人間が三番なのか、よくわかりません。

心の基準は他人からは見えず、本人でさえ、気づかないこともあるといわれます。それは人間もインコ、オウムもおなじです。それでも、だれかに対してもつ好意が心をうるおし、生活を豊かに彩ってくれるのは事実です。

それはロストを生き抜く力になる

日々、数多のインコやオウムが飼育されている家から逃げ、捜索依頼が出されますが、多くは飼育されていた家庭に戻ることなく命を落としています。

助かった鳥は幸運といわれます。しかし、その幸運の何割かは、自身で招いたものに見えます。

保護されたときの状況から、助かった理由がいくつか見えてきます。はっきりわかっているのが、上手く人に頼ることができた鳥は助かる確率が高いという事実です。

暮らしていた家から飛び出したものの、人間が好きで、一定の信頼も依存心もあったインコやオウムの多くは、体力的な限界がくる前に、「見かけた人間の中で信頼できそうな相手に頼る」ことができていました。

二番目、三番目に好きな人間ともうまくやっているインコほど、外に逃げたときに生き延びやすいようです。

声をかけてくれた人間のもとに飛んでいったり、みずからの意思で、ある人間の肩や腕に舞い降りたケースもあります。もちろん相手は見ず知らずの赤の他人です。それは、偶然出会った人間を、仮の二番、三番と見なし、頼った、と見ることもできます。結果として保護され、命を失わずにすみました。

いちばん好きな人間がいないとき、そこにいる別の人間に甘えることができるインコやオウムの心は強く、それは非常事態を生き抜く力にもなることを、こうした事例が証明してくれているように思います。状況に合わせて、二番目、三番目に好きな人にも愛想をふりまいているインコやオウムは、そうでない鳥よりも生き延びる確率が高いと考えることができるわけです。

人間そのものが好きで、複数の人間と楽しく過ごせる鳥だったとしても、見知らぬ人間に頼ることはインコやオウムにとって簡単なことではありません。

大きなハードルがそこにあります。その鳥がもつ気質も影響します。慎重すぎて、生き延びるチャンスを逸してしまうこともあります。

外に出た鳥が助かるか助からないかは、気質や性格、運と、瞬間の判断によって変わってくるとしても、そもそも逃がさなければ起こらなかった事態であり、人間の油断がその原因としてあります。そうした事実も、あわせて理解しておいてほしいと願います。

甘やかしてくれるから

インコやオウムの心には、「こういう人間が理想」といった基準はありません。目で見て、接してみて、直感的に気に入った相手が「好き」になります。「好き」という気持ちは、もともとの気質や経験も影響するかたちでつくられていきます。

それでも、インコやオウムの心の底には、「きびしい態度を見せず、甘やかしてくれる相手」が好きという気持ちが存在するのも事実です。

放置が多く、一見、十分に鳥を愛していないように見える飼い主がいたとします。はたからは、あまりほめられない飼い主に見えますが、その鳥からすると、「大幅な自由をくれる、過干渉でない人間」という認識かもしれません。鳥にとっては愛すべき飼い主であり、「好き」な相手になります。そういう飼い主が大好きになる鳥もいます。

ネコのことが大好きで、とにかくふれたい、なでまわしたいと思っている人間がネコを追いかけまわして、結果、徹底的にネコから嫌われることがあります。おなじようなことがインコやオウムにもあります。

鳥も、「好き」という意識を向けられることはうれしく感じますが、その意思や性格を考えることなく、とにかくふれたい、なでたい、声をかけたいという態度で迫られても恐怖と嫌悪を感じてうんざりするだけです。そしてその「うんざり」は、やがて「嫌い」へと変化していきます。最初は多少の好意をもっていたとしても、「嫌い」と認識されます。

まして、懐かない、しゃべらないなど、思い通りにならないからと怒りをぶつけてくるような人間は、鳥的には絶対にお断りです。そういう人間は意識的、無意識的に自分を傷つける可能性があることを本能的に悟り、距離を置きます。

嫌われた人間は、「こんなに好きなのになぜ?」と落ち込んだりもしますが、鳥からすれば当然の判断です。

2　最初にふれたものを好ましく感じる

最初の接触

インコにはカモ目の鳥のような、いわゆるインプリンティング（刷り込み）はないとされます。最初に見たものを親と認識してついて歩いたりはしませんが、まだ経験が少ないヒナの時代に親密に世話をしてくれた相手は信頼するようになります。最初は、成鳥になるまでの仮親認定というところです。

しばらく前まで、ペットショップなどでは孵化して二〜五週間ほどのヒナも売られていて、幼いヒナから育てるとよく懐くと喧伝《けんでん》もされていました。しかし、インコやオウムの場合、ある程度の週齢まで親に育ててもらい、一人餌になってから家に連れてきても、ちゃんと人に馴れます。よい関係を築くことができます。

それでも、幼い時期にさまざまなものにふれることは発達心理の点からも重要です。

まず人間ですが、どうふれあったかで人間に対する理解が変わってきます。そのためにもまずは安心できる相手、信頼できる相手ということを実感してもらう必要があります。

また、ものごころがつくかつかないかの時期から複数の人間と会うことで、人間にはさまざまな年齢、さまざまなタイプの者がいることを理解します。人間のことを知っていくことで、人間に対する恐怖が薄らいでいきます。結果、大人になって初めて会った人間にも比較的短時間で恐さを感じなくなります。

家庭内にほかにも鳥がいる場合、その姿を見て、直接的、間接的にふれることで、自分以外の鳥に対する理解が深まります。相手がイヤと思うことをして、教育的指導をされることもありますが、鳥とのつきあいかたを学ぶのも幼鳥の時期に始めるのが最適です。

家庭内にある「もの」を見てもらうことも大切です。幼いころからさまざまなものにふれることで、「恐い」と感じるものが確実に減ります。日常耳にする人間の家の環境音にも慣れることで、臆病さが減ります。神経質な性格の鳥だったとしても、早めに慣れてもらうことで、無駄にパニックを起こすような事態も減らすことができます。

ものに対してもある、よくわからない好き

人間の幼児のように、インコやオウムにも〝お気に入り〟のおもちゃができることがあります。市販のおもちゃではなく、家にあるものをおもちゃにして遊ぶ鳥もいますが、そ

こにも「お気に入り」ができてきます。

おもちゃではなく、自身の生活に直接関わるものでないにもかかわらず「お気に入り」ができたオウムがいました。彼は幼いころから二十年以上の時間をともに過ごしたオスのオカメインコ。対象は、緑色の文具のはさみです。

筆者宅では、鳥はおもにリビングで過ごしていましたが、リビング中央のテーブル上にはいつも緑色のはさみがありました。

そのオカメインコがいつ、どうして緑色のはさみを好きになったのかわかりません。家にきて数カ月経ったころには、好きになっていたようです。放鳥すると、まずはさみのところに飛んでいって踏みます。それが習慣になっていました。

一度、足裏に感じると安心するのか、そのあとはほかの鳥のいるところに行っていっしょに遊んだりもしましたが、人間がそのはさみを手にした音を聞いた瞬間、飛んできて、人間がなにをしようとしてるのか確かめようとしました。「ちょっと借りるね」というと、ほっとしたような顔をします。このはさみにはたしかな愛着があり、「自分のもの」と思っているようでした。夜、寝ているときも、人間がはさみを持ち上げたカチャという小さな音で目を覚まし、抗議の声をあげていました。

放鳥時間が終わり、ケージに帰ってもらう際、遊び足りないと帰宅を拒否した彼を捕ま

緑のはさみが好きなオカメインコ。家にきたときからずっと視界の中にあっただけですが、なぜ好きになったのかわかりません。

えるのはとても簡単でした。その緑のはさみをもってほかの部屋に移動すると、悲しげに鳴きながら追いかけてきたからです。卑怯な飼い主は、彼が大好きなはさみを人質のように使って彼を捕獲していました。

スヌーピーで知られるアメリカの人気マンガ『ピーナッツ』の登場人物であるライナス少年が常に持ち歩いていて、手放すと大きな不安に陥ることから、心理学の現場でも正式な名称となった「ライナスの毛布（安心毛布）」とおなじような感覚を、その緑のはさみにいだいていました。二十年を超える彼の生涯において、「自分のもの」という意識をもち続けていました。

3　適度な距離と安心感

安心できる人が好き

大きな声を出す人が苦手な鳥は多数。ふだんの話し声が大きいだけでも敬遠しますが、相手に対して怒鳴ったり恫喝《どうかつ》したりするタイプの人間には、「嫌い」という感情を超えて恐怖さえ感じます。そんな人間が部屋に入ってくるだけでパニックになる鳥もいます。

そうしたタイプの人間を前に、ちいさな子どもが泣きだしてしまう気持ちを想像したなら、インコやオウムが感じていることも察することができるはずです。

彼らがともに暮らしていて安心できるのは、くつろげる相手です。

また、人間にはパーソナルスペースと認識する空間の広さがあり、突然近寄られると「いや」と感じる距離がありますが、インコやオウムにも同様の空間や距離があります。

大好きな相手なら許せる距離でも、そうでない相手には許しません。安心できません。

そういう意味で、インコやオウムとのつきあいかたも人間から学べることが多々あります。

相手の気持ちや距離感を尊重できる人間と、鳥たちがわかってくれたなら、おたがいに安心してつきあえるようになります。なお、嫌いではない相手だったとしても、急に距離を詰められると居心地が悪くなったり、苦痛を感じることがあります。それもまた、インコやオウムと接する際に気をつけておきたいことのひとつです。

距離感とパーソナルスペース

人間を含めた動物が好ましく感じる距離は、同種と異種でちがっていたり、相手に対してもっている感情でちがっていたりします。

「目白押し」という言葉もあるように、メジロは羽毛がふれあう距離でも苦痛を感じません。血縁のない鳥どうしでも、ひとつの壺巣《つぼす》にぎゅうぎゅうに入ってしまうことのあるジュウシマツもまた、広いパーソナルスペースを必要としない鳥です。

インコやオウムの場合、つがいになっている鳥どうしや、好きになってしまった同性カップルでは、翼がふれた状態で安心して眠ることができるなど、信頼できる「好き」な相手には、心の垣根がずっと低くなる傾向があります。

一方でインコやオウムの多くは、この線を越えたら攻撃するというラインがあり、無造作に踏み込むとケンカも起こります。平和的に生きたいと願い、仲間の存在を必要とする彼らですが、距離感を大事にしたい生きものでもあります。インコやオウムは、安心できる距離を維持してくれる相手が好きです。人間に対しても、鳥に対しても、そう感じます。

嫌われやすいストーカー体質

人からすれば素直でおもしろい鳥に見える一方、当のインコやオウムからすれば、そばにきてほしくないタイプの筆頭に上がるのが、ストーカー気質の鳥です。

オカメインコやセキセイインコなど、尾の長い鳥は、相手の尾を踏みつけると相手がその場から動けなくなることを知っています。そのうえで、好意を示すことも、相手の合意を得ることもなく、無理やり交尾行動を始める鳥もいます。

たとえ尾を踏んで動けなくしたとしても、メスの合意なしの交尾は成立しないため、結局失敗します。欲望をもとに自分の思いを押しつけるのは、鳥の世界でも決して受け入れられるものではありません。飼育されているインコやオウムでは、好きな相手に対してあきらめることなく「好き」を伝え続ける個体も多く見ます。相手からきっぱり拒絶されてなお、つきまとい続ける鳥もいます。

インコやオウムのあいだでも、なにかをする際は、相手がそれをいやと思わないかどう

夜も昼も好きな相手につきまとう男は嫌われます。筆者宅にいたルークは、好きだった相手に15年以上もつきまとっていました。好きな相手のケージの外に張りつく鳥。

か気にしながら行動するものは少なくなく、多くはちゃんと空気を読んでいます。

それでもなかには、相手の気持ちを一切考慮せず、自分の思いだけでいっぱいになってしまう鳥もいます。ストーカー的な行為をするのはこのタイプ。相手に嫌われるという意識が最初からないケースがほとんどです。

筆者宅のオカメインコの場合、好きな相手に十五年以上もつきまとっていました。少しだけ擁護すると、おなじケージでヒナから八年間暮らした相棒（妹）を失ってから、その行為がエスカレートしました。

さびしく感じたか、心の拠り所がなくなってしまったことが大きかったのではないかと考えています。

4　好きな遊びと遊びの中の好き

遊びの謎

インコやオウムの特徴のひとつとして、遊び好き、ということが挙げられます。

市販の鳥用のおもちゃで遊ぶほか、家の中にあるものをおもちゃに見立てて遊ぶこともあります。人間が使っている鉛筆やペン、クリップなどを奪って逃げ、人間が追いかけてきて取りもどすまでの一連の行為を「遊び」として楽しむこともあります。

また、インコやオウムはかじることが大好きなため、市販のおもちゃにも〝かじって壊す系〟のものが少なくありません。バラバラに壊すこと自体が楽しいだけでなく、かじって壊すことはインコやオウムにとってのストレス解消法でもあります。腹が立ったときや退屈なとき、不安なとき、気を落ち着けたいときに、なにかをかじる様子を見ます。

木やコルク、紙類はかじりやすいため、柱や壁紙やテーブルの上の本などが被害の対象になることもあり、一瞬でも目を離すととんでもないことになることがあります。

音を出すことに楽しみを見いだす鳥では、コップなどのガラス製品や金属の鍋などをクチバシで叩いて悦に入ることもあります。それもまた彼らにとっての遊びです。

鍋にはまる

なぜその遊びが楽しいのかよくわからないが、本人は大好きだというものもあります。そのひとつが鍋にハマること。一切火を使わない放鳥時、キッチンの棚に置かれた鍋にまっすぐ飛んでいってお気に入りの鍋にはまって遊んでいたオカメインコがいました。

オーストラリアでは、庭に置かれた陶器の鍋の中にみずからすっぽり入って遊ぶ野生のゴシキセイガイインコもいます。インコやオウムの一部には、そういう遊びをする資質が備わっているということなのでしょう。スーパーのレジ袋の中に入ってガサガサ音を立てるのが好きな鳥もいます。こうした〝はまる〟遊びには、人間の子どもが段ボールの中などに入って遊ぶ姿が重なります。近い気持ちが両者にあるのかもしれません。

インコやオウムは遊びをつくりだす天才です。個体によっては、ケージの床で前転や横転をしてみたり、自分の足で自分の頭をつかんでみたり、ケージの天井部分からクチバシでぶら下がって体を回転させ、ぐるぐる回るのを楽しんだりもします。まるで掃除に使うモップにでもなったかのように、仰向けの状態で床を移動することを楽しむ鳥もいます。

鍋にはまってまったりすることが好きなインコもいます。その様子は、子どもやネコが段ボールの箱などに入って遊ぶのに似ています。

隙間の向こうにあるものを覗きこむのが好きな鳥もいます。

さまざまな謎行動が見られますが、本人は楽しんでやっているのがわかります。

そんなインコやオウムは、自分がやっていることを見た人間がおもしろがっていることを察すると、もっとよろこばせようと、さらにさまざまなことをし始めます。人間が好きなインコやオウムは、人間がよろこんでくれる姿を見ること自体が大好きなようです。

他者との関わりとしての遊び

一人遊びも楽しいけれど、ほかのだれかに遊んでもらったり、ほかのだれかを巻き込んでする遊びも楽しいものです。ほかのだれか

人間との遊びは、楽しみながらできるコミュニケーションでもあります。

は、仲のよい鳥であったり、人間であったりします。人間が好きなインコやオウムは、人間との遊びも楽しみます。それもまたコミュニケーションです。

たとえばテーブルの上のクリップなどを床に落とし、人間に拾わせる遊び。

なにかを落とすたびに、声をあげて落としたことを教えます。声は「拾え」という合図でもあります。もちろん人間は落とすところも見ているので、いわれたとおりに拾ってテーブルに戻します。すると、また落として拾わせます。これがエンドレスに続きます。飽きるまで、三十分以上続けるインコやオウムもいます。拾わせながら人間の顔を見て、人間も楽しんでいることを確認しています。

第6章

「恐い」は嫌い？

1　「恐怖」とはなにか

生存し続けるための本能

恐怖をスリルとして楽しむなど、文明化したあとの人間では、少しちがってきた部分もありますが、鳥類を含めた動物にとって「恐怖」を感じることは、生き延びて子孫を残すための必須の資質でした。

動物には人間のような「死の概念」はないといわれますが、強い痛みとともに体の機能が失われ、意識が途絶えることは、この先の世界に子孫を残せないことを意味します。本能はそれを回避することを求めました。もちろん、死の危機に直面した個体にとっても、そうした状況は絶対に「いや」なことです。

「恐怖」は生き延びるためのスイッチ。とりわけ、その多くが小さな生きものであるインコやオウムにとって、「恐いと思ったらすぐさま逃げろ」という本能の指示は大切な命令です。

怖がりかどうか――恐怖を感じやすいかどうかは、遺伝子と脳内物質の量に左右されま

恐怖からパニックを起こし、窓から逃げ去るインコ

家の中よりも外の世界が安全と思えたインコは、窓が開いていたなら、そこから飛び出していきます。人に馴れているかどうかは関係ありません。

す。また、恐怖を感じる脳の部位が損傷していたり、障害があると、命に関わる事態に直面しても、逃げようという気が起こらず、多くは殺されてしまいます。事故が起きやすい危険な場所に行ったとしても、恐いと感じられないと、やはり死の可能性は高くなります。

総じて怖がりという声も聞きますが、現在生存しているインコやオウムは、恐怖を感じる脳の部位がしっかり機能していて、脳内物質もしっかり分泌されていたがゆえに、これまで生き延びてきたといえます。

鳥と暮らしていると、おなじ状況にあっても、すばやく逃げる個体、酷いパニックを起こして前後不覚になる個体のほ

か、どう逃げるか考えるためなのか、正体を知りたいと思うのか、そこに踏みとどまって恐怖を感じた対象を観察しようとする個体など、さまざまな個体を目にします。恐怖の感じやすさが影響しているのでしょうが、こうした反応にも個性が見えます。インコやオウムに恐怖をもたらすものと、その心の作用を、このあと少し詳しく見ていきます。

2　本能的恐怖

人間の本能的恐怖

生まれて一度もヘビを見たことがなかったとしても、多くの子どもはヘビを恐れます。クモも恐いと感じます。急に近づいてくるものも、恐怖の対象になります。人間を捕食する生物が駆け寄ってきた場合はもちろん、自動車やバイクの接近にもそう感じるでしょう。

雷のような「大きな音」にも、理由のわからない恐怖をいだきます。改造されたオートバイの爆音なども同様です。血液を見ることも恐いと感じます。これらは、人間――ヒトが遺伝子の中にもっている「本能的恐怖（生得的恐怖）」として知られるものです。

ヘビやクモなどは、少し成長すると慣れて怖くなくなることが多いのですが、かなり年齢が上がっても恐いと感じ続ける人はそれなりにいます。

想像力が生む恐怖

乳児から幼児、そして学校に行くようになると想像力が増して、あれこれ考えたり想像したりすることが増えます。すると暗闇が恐くなったり、白い骨が怖くなったりします。暗闇の中に、自分を殺傷するような相手や、えたいの知れないなにかが潜んでいて、襲われ、殺されるかもしれないという思いがわきあがってくるからです。それが異形《いぎょう》の存在なら、ただそこにいるだけでも恐いと思います。いわゆる「妖怪」や「もののけ」はそうやって誕生しました。こうした恐い想像は、一度頭に浮かぶと、イメージがどんどんふくらんできて、恐さが増す傾向があります。子どもの場合は、なおさらです。

白い骨は、「かつて生きていたものが死んだあとに残るもの」という理解ができるにつれて「死」の象徴となり、自身の死を想像するきっかけになります。また、自分の体の中にもあると教えられると、気持ちの悪さも感じるようになります。

文化人類学の授業などで、人類の祖先の頭蓋骨のレプリカを見ただけで「恐い」といった二十代の学生もいました。本物ではないと説明されてなお、「絶対に触りたくない」と拒絶反応レベルの「いや」の声も聞きました。

鳥も暗闇が恐い

鳥は人間のような想像力をもちません。自身の死をイメージすることもありません。たとえば野外で骨を見たとしても、そこから自分の死を連想することはありません。動かない骨は石と同様、ただそこにあるだけのもの。襲いかかってきたりしないとわかっていることから、恐いという感覚はないのです。もちろん「お化け」も恐くありません。ただし、血まみれの鳥の死体と飛び散った羽毛が目にはいると警戒します。この鳥を殺した相手がまだ近くにいるかもしれないからです。それでも、本当の意味で恐怖を感じるのは相手が見えたときです。

鳥たちは暗闇を警戒します。その恐怖には実態があります。捕食者が闇を利用して、こっそり近づいてくることは、インコやオウムにとっての現実だからです。そのため、足音や羽音、なにかがこすれる音など、暗闇の中で捕食者が立てた可能性のある物音がしたり、突然大きな音がしたら、そこから飛び立ち、逃げます。ケージの中でも暴れます。

死そのものは理解しなくても、捕食者に捕まる状況は歓迎できることではありません。捕まった瞬間に大きな傷を負うことになり、耐えがたい苦痛を感じるでしょう。それはなにがあっても避けたいこと、絶対に「いや」なことです。捕食者がきた！　と感じた瞬間、多くの鳥はパニックになります。それは飼育されているインコやオウムも同様です。

人間のもとで暮らす鳥は、人間の立てる音を記憶しています。眠っているとき、いつもの生活音ではない聞き慣れない音が聞こえてきたら、自分を傷つける敵の可能性があると直感します。警戒しろと本能が告げます。

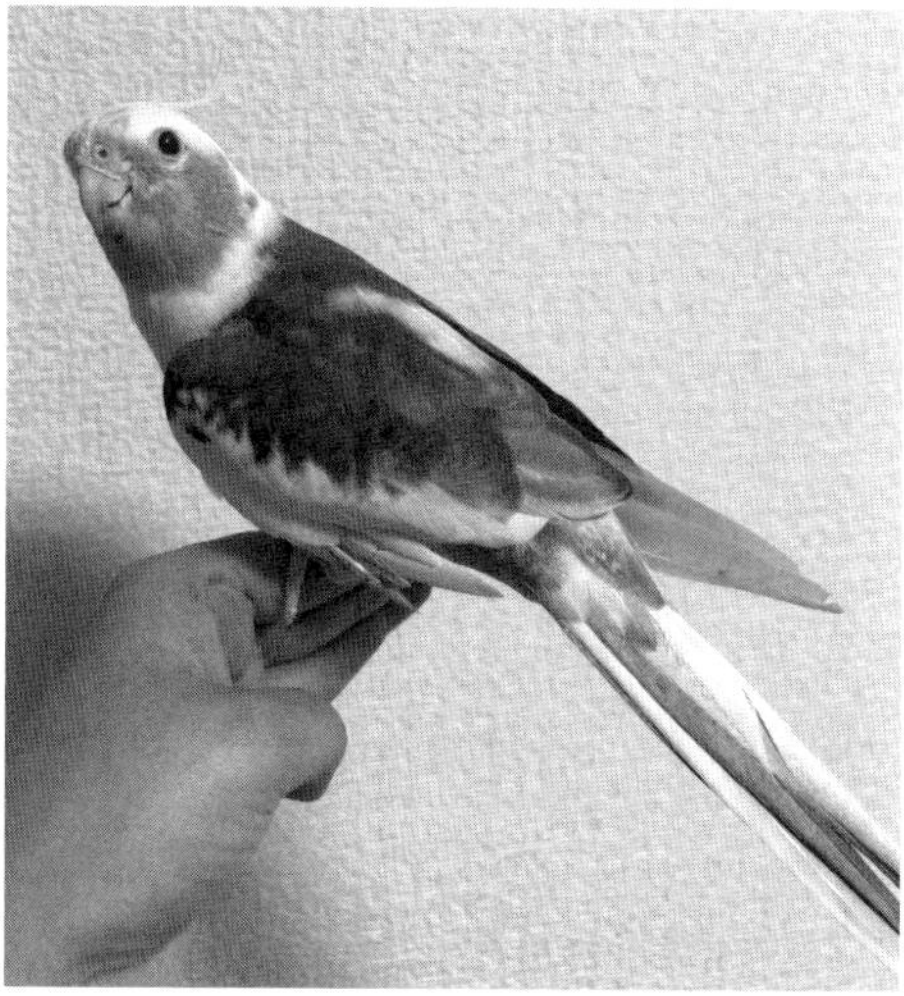

パニックを起こして初列風切を失ったオカメインコ。

夏場、窓が開いている状況で外を爆音を立てたバイクが走っても「恐い」と感じます。

筆者宅で実際にあったことですが、まだプラケースで生活をしていたヒナのころ、外を走ったバイクの爆音でパニックを起こし、無理に羽ばたいて大出血、血まみれになったオカメインコがいました。それが彼のトラウマになり、成鳥になっても、深夜に大きな音が聞こえただけでパニックを起こすようになりました。二十年を超える彼の生涯において、その影響が消えることはありませんでした。

おもにオカメインコが起こす、ときに出血を伴うほどのパニックは、一般に「オカメパニック」と呼ばれます。起こるのはおもに深夜です。

暗い部屋の中、風もないのに足元（とまり木）が揺れるとオカメインコはびっくりして飛び起きます。突然の地震だけでなく、大きな音に対してもパニックになり、初列風切《しょれつかざきり》の付け根を激しく打って出血する鳥がいるほか、片側の風切羽《かざきりばね》を大量に失う鳥もいます（前ページの写真を参照）。

それは、「とにかく逃げろ」という脳からの指令に従った結果です。恐怖に支配されている鳥は、狭いケージの中で飛び立てるほどの激しい羽ばたきをするとケガをする、という考えにはいたりません。文字どおり、前後不覚のパニック状態です。

ヘビに対する恐怖

ヘビに対する恐怖は、ヒトと鳥が共通してもっている生得的なものです。ヘビを見たことがない個体でも、恐怖を感じて逃げ出そうとしますが、子育て中の親鳥は恐怖心を克服して、巣からヘビを遠ざけようとしたり、まわりに対して警戒の声をあげたりします。シジュウカラでは、ヘビに対する独自の警戒音をもつことが報告されています。

親の恐怖記憶が子どもに遺伝することが、実験を通して確認されています。祖先の代から長期にわたって感じてきた恐怖は、遺伝子の中に残り、受け継がれているということなのでしょう。

鳥の誕生は恐竜が絶滅するはるか以前で、白亜紀の末には、インコ目などの現在の目に直接つながる祖先も地上に存在していたことがわかっています。一方のヘビは、一億六七〇〇万年～一億四三〇〇万年前、すなわちジュラ紀の終盤には誕生していました。

つまり鳥は、六千万年～七千万年以上にもわたって仲間がヘビに襲われる様を目撃してきた可能性があります。その結果、ヘビに対する恐怖が遺伝子上に残ったと考えられます。

人類も同様です。小さなサルだった遠い祖先はもちろん、原人に進化した以降も、巨大なヘビに締めつけられて殺される姿を幾度も目撃したことでしょう。毒のあるヘビに襲われて死亡する者もいたはずです。過去にヘビの犠牲になった仲間をたくさん目撃したことで記憶に刻みこまれ、生得的な恐怖として遺伝子の中に残ったと考えられます。

3 経験的恐怖

経験から生じる恐怖

もちろん、経験から生じる恐怖もあります。

人間では、子どものころにイヌに咬まれ、以後、イヌを見るだけでふるえる、絶対に近くに寄れないという人がいます。インコやオウムもおなじです。恐い目にあった相手は、のちのちも恐怖の対象となり、そばによることはおろか、見るのもイヤというほど嫌いになります。家庭で暮らす鳥の場合、人間と、おなじ家で飼われている人間以外の動物と、家庭内にある一部機械類が恐怖の対象になることが多いようです。

たとえば、家庭内にある自動で掃除をしてくれるロボット掃除機に尾が吸われるなどして強い恐怖を感じ、稼働していなくても掃除機があるだけでその部屋に入れなくなったインコがいました。一方で、恐れるどころか掃除機の上に乗って移動することを楽しむインコもいます。ものに対する恐怖は、個体によって感じやすさがかなりちがうようです。

自身の恐怖を思い出してもわかると思いますが、慣れると恐さが薄れるのも事実です。

家のなにを恐いと感じるかには個体差があります。克服できる鳥とできない鳥がいます。

ただし、恐怖に順応する早さには個体差があり、すぐに恐さが消える鳥もいれば、何日もかけて恐怖を克服する鳥もいます。生涯、恐いままの鳥もいます。

残念なことに、自分の思い通りにならないことに腹を立てて、意図的に鳥を傷つける人間もいます。そうした人間や、家に侵入してきたネコに殺されそうになるなど、恐ろしい目にあった場合、大きな動物に対する本能的な恐怖に、経験からくるリアルな恐怖が重なって恐さが強まり、酷いトラウマとして残ることがあります。

過去に恐怖を感じたことがあるものを、インコやオウムは「嫌い」と感じます。生存に関わることだけに、それは心の中に強く残り続けます。

人間に傷つけられたり、命をおびやかされたことで生じた恐怖や嫌悪は、その相手だけが対象となるケースと、その人間と似ている人にまで広がるケース、そして人間全体にまで広がるケースがあります。恐怖に対する反応は、個体ごとに大きく異なっています。

子育て中の巣に近づいた人間を、カラスが無差別に襲う事例が毎年報告されますが、こちらは「恐怖」ではなく、「怒り」や「子を守りたい気持ち」からくる行為です。恐怖と同様、以前いやな行為をした人間や、その人間に似た姿の人間を攻撃するケースと、とにかく人間すべてを巣の近くから追い払おうとするケースの両方が見られます。子を守るためなら、恐い人間であっても戦うしかないとカラスの本能が訴えています。

人がくれる安心

近くに雷が落ちて大きな音と振動が伝わってきたり、ひゅ～という花火が打ち上がる音が窓の外やテレビから聞こえてきたりするなど、連続する大きな音や振動に恐怖を感じたときや、地震でパニックになったあと、信頼できる相手、安心できる相手（人間）がそばにいると鳥は安心します。望むだけの時間、そこにいてくれた場合はことさらです。

恐かった記憶を書き換えることはできず、本能的恐怖を消すこともできません。それでも恐かったときに、安心をくれる存在がそばにいてくれた記憶や、そのとき感じた相手の体温は記憶に残ります。人間はさまざまな恐怖を生みますが、安心を生むのもまた人間であることを、家庭で暮らすインコやオウムは理解しています。

4　「恐い」は嫌い

最大の恐怖は捕食されるイメージ

恐怖を感じたインコやオウムは悲鳴をあげ、一刻も早く対象から遠ざかろうとします。逃げ場のないケージの中だった場合、叫びつつ、パニック的に暴れます。「恐い」と感じている鳥は冷静ではない精神状態にあるため、ふだんならしないこともします。

それが放鳥中で、さらに窓や戸口が開いていたなら、家の外に向かって飛びます。なるべく遠くに逃げろと本能が告げるためです。そのとき鳥には、今、恐怖を感じているものから遠ざかりたいという一心しかありません。外の危険など、脳裏にも浮かびません。

ケージの中のインコやオウムが暴れるのは、本当のパニックである場合もありますが、人間を信頼している鳥では、人間がそばにきて守ってくれることを期待して、そうしているケースもあります。ケージ内にいてなお危険と感じた鳥では、「庇護者でもある人間に守ってもらう」という判断も働くためです。

一方、鳥が放鳥されているタイミングで、部屋が密室だった場合、逃げ場の第一の候補は本棚や食器棚の上など、高い場所になります。鳥以外の生きものは上がってこられないか、こられたとしても時間がかかることを知っているからです。

第二の候補は人間の頭や肩の上です。まわりがよく見え、どこかに飛ぶなどの次のアクションが取りやすく、人間の「威」も利用できます。なにかあったらすかさず隠れることもできる、少し背中寄りの肩が最良と考える鳥も多いようです。

「恐い」は命を守る鍵、けれどインコは平和がいちばん

鳥の恐怖の根源にあるのは捕食者に襲われる不安であり、「恐い」と感じることは生き延びるための最大の武器でもあります。

それでも、インコやオウムは「恐い」と感じることが嫌いです。日々、恐怖が続くことはとても大きなストレス。できることなら、恐怖や不安を感じることのない場所で平和に

暮らしたい。それが彼らの望みです。飼育されている鳥は、とくにそうです。

人間との暮らしでは、天気、気候に左右されず暮らせる家と、飢えない環境が提供されています。さらに、同居する人間が「安全」と「安心」を与えてくれます。不安なく暮らせるからこそ、インコやオウムは本来もっている個性を余すところなく見せられます。

わがままをぶつけるのも、八つ当たりをしてくるのも、なにかあったときに助けてもらえる存在として、ともに暮らす人間を信頼しているからです。

人が人以外の生きものと暮らしたいと願うことは、勝手で都合のよいわがままであり、不自然な状況に彼らを置くという意味で「悪」といわれてもしかたのないことかもしれません。そ

飼い主の頭上に避難したオカメインコ。

れでも、ともに暮らす人間の存在が、人の家で生活するインコやオウムがなにかの際に感じる恐怖を減らしているのはたしかです。

5　未知は不安

飼い鳥にとっての未知

先にも解説したように、飼育されているインコやオウムの場合、恐くはあっても、すごく恐くはないと思った場合、その場に踏みとどまって、相手の正体や性質を確かめてみようとすることがあります。

ときに、恐怖で本当に動けなくなることもありますが、人間とちがって鳥がフリーズするのはほんの一瞬で、一、二秒後には飛び去っていきます。

初めて見るものに無意識に恐怖を感じている場合、本当に恐いものかどうか確認しておかないと、ずっと恐いままになってしまいます。そのため、少しだけ勇気を出してたしかめておきたいと心の深いところで思うケースもあるようです。人間でもある、「未知」のままだと恐いけれど、相手を知って未知でなくなったら恐くなくなる、という心理です。

その際、判断の助けになるのが、信頼している人間が、どう反応しているかです。それが視界の中にあっても、とくに気にする様子もないままふつうに過ごしていると、「大丈夫そうだ」という心理が働き、恐怖も自然に薄らいでいきます。

人間がそれにふれたときは、肩から腕を伝って至近距離まで行って見ます。人間の上にいる状況は、ある意味「守られている」ようなものなので、恐怖は減り、冷静な観察ができます。もちろん、いつでも飛んで逃げられるという気持ちの余裕もあります。

本棚から観察中のオカメインコ。相手の正体を見きわめられれば、恐くなくなります。

部屋の中にあるものに対して「恐い」と感じるのは、大体は見なれていないこと、ふれたことがないことが原因です。恐くない距離から少し時間をかけて観察することで、いつしか恐怖はなくなっていきます。恐いと感じるものが部屋から減ることで、暮らしの安心度も上がります。それは、人と暮らすインコやオウムが望むことでもあります。

初めての人間

家に訪問者がくることもあります。初めて見る人間は恐いと感じ、その持ち物にも恐いと感じるものが見つかることがあります。そうしたケースでも、家の人間がどう接しているのか見ることで、不安や恐怖が消える時間が早まります。恐さがなくなると好奇心もわいて、この人は遊んでくれる人だろうかと思い、肩や頭にとまって反応を見たりします。

6　落ちることに恐さはない

カラスの遊び

電線に止まったカラスがクルンと逆さまになって電線につかまり、そのまましばらく意図的に身を揺らしたのち、ぱっと足を離し、落ちる。少し落下したところで羽ばたいて、もとの電線に戻る——。そんな遊びを見ることがあります。

また、カラスにしてもインコやオウムにしても、地面に降りるときには一定のところまで自由落下のように降りていって、これ以上は危険というギリギリのラインで羽ばたき、制動をかけてふんわり地面に降り立つ様子が見られます。それは重力を上手く利用した降下法で、無駄なエネルギーを使わない、とても有効なやりかたです。

空を飛ぶ力をもつがゆえに、高い位置から降下することに鳥が恐怖を感じることはありません。人間の恐怖症のひとつである「高所恐怖症」を鳥はもちません。

逆さまに止まった電線から落ちては戻るを繰り返すカラスを見て、「バンジージャンプのようなスリルを楽しんでいる？」という声も聞かれますが、ノーマルな飛行技術と健康な体をもつ個体にとってそれは、日常の延長にある、ごくあたりまえの「遊び」なのだと思います。

鳥類の中で急降下の速度記録をもつハヤブサも、制動の力をふくめた自身の飛翔能力には自信があり、能力を超えるような無理さえしなければ地面に激突するようなことはないと確信しているため、時速四〇〇キロメートル近い速度が出ている際も、「恐い」という感覚はおそらくないと思われます。

例外は老鳥

健康で、その鳥種としてごくふつうの能力をもつ鳥にとって、降下すること、落ちることに恐怖はありません。例外は、飼育されている鳥が老いて、翼の不自由を感じている場合です。

飛べなくなった鳥は、高い場所から床に降りることができなくなります。力をこめて羽ばたいても、落ちる速度をゆるめることは不可能――。それを自覚したとき、高いところからの落下は、おそらく生まれて初めて感じる「恐怖」になります。

人間に馴れて、きちんと自分の主張ができる鳥は、「おろして」や「○○に連れていって」と、なんらかのかたちで人間に指示を出します。

意思のはっきりした鳥は、高い場所に連れて行かれること自体を「いや」と表明し、足がまだ丈夫なら、床など、低い場所で遊ぼうとします。

第7章

好ましい予想が生みだす期待

1　経験がつくる未来予測

インコは未来を予想する?

動物は、基本的に「今」を生きています。鳥もそうです。

一年後の自分や、老いた自分を想像したりしません。過ぎた過去を思い出し、後悔することもありません。向きあっているのは、今。この瞬間だけです。

自由なふるまいが許されている人間のもとでは、心に浮かんだ「今」したいことをします。「好き」も「遊んでほしい」も思いのままに伝えます。

しかし、ほかの鳥にも人間にも、今、していることがあったり、したいことがあったりします。そうそう思いどおりにはなりません。

人間はいつもなにかをしています。さまざまなことに縛られているようにも見えます。思いどおりに動いてくれないどころか、明らかに忙しそうなときは、強く要求したとしても、基本的にかまってくれません。なのでインコやオウムは、思いどおりに暮らしていくために、人間を観察します。

鳥たちにとって、ケージの覆いが取り去られることは、新しい一日の始まりを意味します。

なにをしても自分に関心を向けてくれないのはどんなときか。逆に、どんなときならかまってくれるのか——。反応を見ながら学習していきます。同時に、家の一日のタイムテーブルもおぼえていきます。すべては、好ましい暮らしのためです。

朝。ケージのカバーが外されることで新しい一日が始まります。

ケージがカバーでおおわれることが一日の終わり、夜の眠りの合図です。

家の人間が通勤や通学のために出かけるのはいつで、帰宅がどのくらいの時間なのか。それを知ることも大事です。

玄関の前で足音が止まり、鍵を開ける音がしたなら、それは帰宅の合図。

好きな人間が帰ってきたことがうれしく

て、また、ほっとして、安堵の声が出てしまう鳥もいます。ただし、予想よりも帰りが遅かったときは、「遅い！」という怒りが声ににじむこともあります。

帰宅をよろこぶのは、待つだけの退屈な時間が終わって、これから「楽しい時間」が始まることを知っているためです。帰りが遅いと怒りの声をあげるのは、「楽しい時間」が先のばしにされたり、なくなったりすることに対する抗議でもあります。

放鳥という楽しみ

遊ぶことを楽しみにしているインコやオウムが、一日のタイムテーブルとともに学習するのが、「放鳥」の時間と、放鳥タイムの「前触れ」となる人間の挙動です。

部屋の中を自由に飛んだり、ケージ外のおもちゃや人間と遊べる放鳥時間は、できれば時間を決めて行うようにと獣医師などから指導されることもあって、家ごとにだいたい決まっています。

ケガをさせたり、外に逃がしてしまうことを防ぐために、家の者は放鳥前に、玄関や窓の戸締りを確認したり、危険なものを片づけたりします。放鳥してケガをするようなことがあれば後悔するのは飼い主で、外に逃がしてしまった場合、鳥の死はほぼ確実だからで

ケージから出ると、楽しくてたくさん飛んでしまうインコがいる一方、好きな相手のもとに一目散に駆け寄る鳥もいます。

す。

そんな作業をする人間の様子を見た鳥たちは、自身の体内時計とも照らして、「そろそろか？」と思うわけです。そして人間がケージの扉に手をかけると、その心は放鳥準備モードにはいります。

鳥はたしかに未来のことを考えたり、予測したりしません。しかし、ともに暮らす人間がある行動をすると、次になにが起こるか学習した鳥は、経験から、数秒後、数分後の自身の未来が予想できるようになります。

遊んでもらえる、たくさんかまってもらえるなど、それがよい予想、「好ましい未来」であるとき、彼らはその予想が当たることを「期待」するようになります。

よくない未来の学習

好ましくないことも学習します。たとえば、大好きな人間の外出。

出かけるということは、視界から消える、声をかけてもらえなくなる、遊んでもらえなくなることを意味します。それは人間が好きなインコやオウムにとっては、「いやなこと」であり、よくないこと。「歓迎できない」ことです。

行かないでほしい。そばにいてほしい。

分離不安の症状をもたない鳥でもそう思うことがありますが、分離不安のある鳥にとっては切実な悲劇。「行かないで！」という気持ちをこめて全力で叫んでしまったりもします。

鳥は今を生きていて、ふだんは未来のことを考えたりしません。それでも、人間の「この行動のあとにこういうことが起きる」を学習した鳥は、これから起こることが頭に浮かんできます。それは、人間でいうところの「予想」。つまり彼らは、因果関係を理解します。

2　期待が満たされる未来を予想

鳥たちが予想する未来

インコやオウムの脳裏に浮かぶのは、学習、経験にもとづいた「予想される未来」。今に続く、今のほんの少し先にある未来と、数時間にわたる少し長い未来――、具体的にいうなら、夜、眠るまでの、今に続く未来です。「明日」は想像の先にはありません。

好ましく感じるよい予想が、ほんの一瞬先の「予知」であるのに対して、好ましくない予想は、数時間から日付が変わるまでという少し長い未来のイメージ。つまり、この二つの予想は、対象となる時間の幅が異なります。

また、「好ましい予想」は、かまってもらえる、なでてもらえる、いっしょに遊べるなど、具体的にイメージできるうえ、自分の意思やそれにともなう行動によって、より好ましい方向に修正が可能なものです。もちろん、鳥たちもそのことを理解しています。

対して、好ましくない予想は、その期間がどのくらいなのか、「好ましくない未来」を予感した鳥たちにもわかりません。天候の問題や事故による電車の遅延、ほかの人間との関わりなど、インコやオウムの認知の範囲外にある多くの要因が関わってくるからです。

そういうことならしかたないと早々にあきらめるインコやオウムも、もちろんいます。一方、少しでも多くの情報を集めて、帰宅がいつごろか予想したい鳥もいます。そうした鳥では、大好きな人間の外出の際に、服装や持ち物をいつもよりも鋭く観察することが増えます。それによって、帰宅予想の精度が少しだけ上がるからです。

部屋着とあまり変わらない服装なら、短い時間で帰ってくる。あまり見ない服装で荷物も多かったら、帰宅が遅くなるかもしれない……、などがわかります。

インコやオウムはうれしいことが好き

よいことが起こったときのことは記憶に残ります。深く意識しなくても、そうした情報は頭の中に積み上がっていきます。たとえば美味しいものがもらえた記憶。初めて食べた

インコやオウムはわくわくする心を抑えきれません。

ものを美味しいと思い、「好き」と感じたときのことなども「うれしかったこと」として記憶に残っています。それが二度、三度と続くと、記憶はさらに強くなっていきます。

そのときに見たパッケージとおなじものを人間が見せたなら、よみがえった記憶とともに、期待がふくらみます。数分後に美味しいものがもらえると予想するからです。

そのときインコが実際にどんなふうに感じているのか、正確なところはわかりません。ただ体は正直で、それを食べて幸福を感じている自分を先取りするように、とまり木の上で軽快なステップを踏んだりします。それは、ケージから出してもらえることがわかってわくわくしているときの行動に似ています。見ているだけでうれしさが伝わってきます。

うれしいは好き、好きはモチベーションに

おぼえてほしい一連の動作があるとき、教える際に、ご褒美となるものを与えることがあります。よく行われるのが、おやつ的な食べものを与えることと「ほめる」こと。教えたいことを段階を追って訓練する場合、あることができたらご褒美としての食べものを与えます。中型のインコやオウムでは、一口サイズのペレットや麻の実などがよく使われます。

完全にできるようになったあとも、その行動をするたびに与えます。「これをすると美味しいものがもらえる」と学習すると、積極的に、自発的にやるようになるからです。

こうした方法で動物になにかをさせることの是非については、長く議論も行われていますが、文明の初期から、動物になにかをさせたいときに行われてきたのもまた事実です。

やってほしかったことを見事にやってみせたとき、また、訓練が少しずつ進んでいるとき、食べものを与えると同時に、「えらいね」「よくできたね」と、その鳥をほめます。身体の接触が好きな鳥には、たくさんなでることもご褒美になります。

よろこんでいる人間の感情はインコやオウムにも伝わって、「うれしい」という気持ち

を引き起こします。これもまた、生きものを訓練する現場でよく行われていることです。子どもがそうであるように、うれしいという気持ちはモチベーションにつながります。

かつて、動物にものを教える際には「アメとムチ」が必要といわれたりもしましたが、現在は「ほめて伸ばす」ことが教えることの中核にあります。ほめられてうれしいと感じることが、おぼえてもらうための重要な鍵であると理解が広まったからです。

うれしいと感じることは、インコやオウムにとって「好ましい」ことであり、生活するうえでの心の糧にもなります。「もっと好きな人をよろこばせたい」、「もっとうれしいと感じたい」という気持ちは大きなモチベーションとなって、学習が進みます。

ただし、教えたかったことができたことでうれしくなった飼い主が、さらに多くのことを教えようとして高カロリーの食べものを与え続けると、それが肥満の原因になったり、高脂血症の原因になってしまうこともあり、結果としてその鳥の寿命を縮めてしまうことがあります。そうした事実も十分に意識したうえで、行ってほしいと思います。

予想どおりの未来に感じる幸福

うれしいことが起こると予想した人間の胸には期待感が生まれます。インコやオウムも

期待でわくわくしている鳥を騙すようなことをすると、本気で怒ることもあります。

そうです。しかし、大きくわき上がった期待が打ち砕かれると、失望が心に広がります。

人間の場合、悲しくなったりもしますが、インコやオウムが同様の気持ちをもつかどうかはわかりません。ただし、だれかの行為によって期待が裏切られたことがはっきりすると、インコやオウムの胸に生まれた失望は、瞬時に怒りに変わります。

二十年ほど前のこと、鳥に食べさせても問題がないことがわかっているある食べものを、それが好きなオスのオカメインコに見せ、「これ美味しいよね。食べる?」と聞いたことがありました。当然彼は、それをもらえるものと期待して、軽く広げた翼を上下にわきわきと動かすなど、期待感に満ちた挙動を見せ、目をキラキラさせていました。

袋から出し、手に持って、テーブルの上で待つ彼の口もとに運ぶ、と見せかけて、ぱくっと食べてしまったとき、彼は一瞬、なにが起こったのかわからないという茫然とした表情になり、次の瞬間、顔面に飛びつき、ちょっとだけ力を入れて、くちびるに咬みつきました。「食べたのはこの口か?」と主張するように。もちろん、流血の事態です。

大ケガをさせるつもりは彼にはなく、かといってその行為を黙って許せるわけもなく、行き場のない自分の怒りを発散させたい気持ちからの行動でした。

当事者である筆者に咬みつかなければ、だれかを八つ当たり的に攻撃したはずです。

反省しました。直後、彼には好きなものをちゃんと与えて謝罪しました。

3　好ましくない未来予想を回避したい思い

外出は回避できないことを理解する

好きな相手に、いつもそばにいてほしいと願うのは自然なこと。インコやオウムもそう思います。とくに大好きな人間がいる鳥はそうです。できることなら、毎日いっしょにだらだら過ごしたい。けれど、その願いは叶わないことを早々に理解します。

「行かないで」と願いをこめて、大好きな人間に叫んだとしても、人間は出かけます。外出の目的の一部に食料の調達があることは理解します。帰ってきた人間が新鮮な青菜や果物や種子、ペレットなどをもっていることがあるのを見ているからです。親鳥がそうした行動をすることを知っているので、鳥にも理解しやすい状況です。

家で待つ鳥にできることといえば、食べたりちょっと寝たりしながら、どのくらいで戻ってくるのかイメージすることだけです。

通勤や通学は生活の中のルーチンと理解します。自分の心の中にあるタイムスケジュールに組み込まれていきます。大きな荷物をもたず、部屋着やそれに近い服装で出かけるときはあまり待たない、ということも早々に理解します。問題は、軽装ではないときです。

外出する飼い主を観察する

インコやオウムは、ともに暮らす人間の気持ちを察します。とくに心がはずんでいるときは、それが予想以上に伝わります。

あまり見たことのない服装で、なんだか楽しそう。うきうきしている？

そんな服装や、雰囲気をかもす人間を見て、明らかにいつもとちがうと確信します。同時に、これは遅くなるかもしれないと予測もします。過去に同様の格好で出かけたとき、帰りがとても遅くなったことを記憶していればなおさらです。

ちょっとした予想が得意な人間とそうでない人間がいるように、人間の姿を総合的に見て、的確な予想ができる鳥とできない鳥がいます。

もとより、鳥自身にも性格や考えかたのちがいがあって、「いないんなら、いないなりに適当に過ごせばいいじゃん♪」というタイプの鳥もいれば、待っているあいだじゅう、「まだ帰ってこないの？」と神経質に思い続ける鳥もいます。外出時、些細なことも見逃さないという気概をもって飼い主のことを観察するのは後者です。

前者は、どうせある程度の時間になれば帰ってくるのだから、それまではケージ内のおもちゃで遊んでいようとか、寝ていようとか、そうした選択をします。大多数はそうです。日常の暮らしにおいて、出かけると、だいたいこの時間に帰宅するということが学習できてきた鳥は、好きな相手が思ったよりも早く帰ってくると、少しだけほっとします。

ただし、早く帰ってきたからといって早く遊んでもらえるとはかぎらず、遊ぶ時間が増えるともかぎらないため、過大な期待はしません。つまり、いつもどおりの顔で飼い主を見ます。

逆に、体内時計的にこの時間には帰ってくるだろうと予想した時間よりも大幅に遅れると、帰宅したうれしさよりも怒りが湧いてくるのは先にも解説したとおり。ただ、その怒りは一瞬で安堵に変わるため、いつまでもその人間に対して怒っていたりはしません。分離不安も抱えている鳥は、安堵とともに食欲がわいてきて、食べ始める姿も見ます。

なお、大好きな人間の帰りがいつも遅いことによるさびしさや退屈を紛らわすため、留守中ずっと食べ続けて肥満になる鳥もいることは知っておいたほうがいいでしょう。さびしい心を食べて満たそうとすることがあるのは人間だけではないということです。

乱暴な人間と幼児

一般に、家庭は平和な場所と認識しているインコやオウムですが、挙動が恐いと感じる人間がいないわけではありません。人間の中に、不注意が目だつ者がいるのも事実です。生きものと接した経験がほとんどない幼児を本能的に怖がるインコやオウムは多くいます。その警戒は正しいものです。なぜなら、警戒していないタイミングで突然ぎゅっとにぎられた場合、状況によっては死亡もありえるからです。

そうした相手は、危険な捕食動物とおなじ。できればそばに寄るなという本能の警戒は正解です。

また、過去にそうした相手にケガをさせられるなど、痛みや恐怖を感じた経験があると、また危害を加えられるかもしれないというやな未来予想も浮かびます。

遊んでもらえないなどの「いや」とは根本的に異なる、命に関わる「いや」――「好ましくない予想」は、生存に関わる重大な危険として、強い恐怖を心に呼ぶことになります。

4　願いはおなじような日々が続くこと

変わらない日々を期待

鳥は、明日のことも、その先の未来のことも考えたりしませんが、その一方で、現在の暮らしが安全で、まったりしていて、なんら不自由のないものであるのなら、明日も明後日も、今日とおなじ日になることを望みます。わくわくするようなちょっとした変化はうれしいものですが、不安が隣り合わせの大きな変化は絶対にのぞみません。

苦痛を感じることも、恐怖におびえることもない、あたりまえの日。明日も、そんな日

今日も楽しく遊び（はがし）ます！

がくることを無意識に信じています。

それが幸福であり、鳥たちが求める「好き」な日々です。

それゆえ、愛してくれていたはずの相手が、ある日突然手のひらを返すようなことがあったとしたら——見向きもせず、声をかけてくることも、なでてくれることもなくなってしまうとしたら、それは耐えがたい苦痛です。

変わらない日々というのは、明日も「好き」を伝えあう、いつもと変わらない日であること。楽しく遊び、楽しく過ごせる日であること。インコやオウムが想像することもない遠い未来は、繰り返される今日の先にある未来です。

第8章

食べものについての好きと嫌い

1　嫌いなものは食べない

食べることは生物の基本

生きていくためには、食べることが不可欠。

食べるものが見つからなければ待っているのは「死」なので、野生では、食べられるものが見つかったときは食べられるだけ食べようとします。

美味しくないから食べないという選択肢は、当然、そこにはありません。

人と暮らす鳥が野生と大きくちがうのは、まさにこの点です。

食べものを自力で探す必要がない。人間が忘れないかぎり、食事は勝手に出てくる。一日に必要とする量より、はるかに多い食べものが与えられることもある。

人のもとでは自由が制限されるかわりに、飢える心配がなくなります。生まれたときから人間と暮らしている鳥にとって、それはごくあたりまえのこと。

そして家庭では、「食べたいもの」を選ぶことが可能になります。「食べたくないもの」を拒否することも。

嫌いなものは絶対に食べない

セキセイインコやオカメインコなど、日本の家庭でよく見られる鳥の場合、好みはかなり明確で、「これは嫌い」と思ったものは基本的に食べません。

嫌いでないものでも、好きの順番ははっきりしていて、多くは好きなものからクチバシをつけます。「好きなものは、いちばん最後にとっておく」という人間のような思考は、鳥たちにはありません。

種子（シード）食の場合、食べているのはだいたい、ヒエ、キビ、アワ、カナリーシードなどが混ぜられた混合餌。タンパク質や脂肪などの成分比が種子によって異なっているため、パッケージしているメーカーごとに種子の配合を変え、栄養バランスを整えたものになっています。

なのですが、よく考えられた配合比だったとしても、鳥によって好きな種子と、嫌いではないものの、できれば食べたくない種子があり、食べ残しを見ることもあります。

微妙な味のちがいも感じているようで、おなじ種子でも生産国がちがうと食べなくなることがあります。私たちがふだん食べている米でも、産地や品種ごとに味が微妙にちがっていて、価格とも相談しながら食べる米を選んでいますが、インコやオウムもおなじくらい味のちがいを感じているように見うけられます。

ちなみに筆者宅で暮らしている文鳥はカナリーシードが大好きで、換羽などで食欲が落ちたときでもカナリーシードなら問題なく食べます。一方、うちのオカメインコはカナリーシードが大嫌いで、与えてもより分けてカナリーシードだけ残します。

過去に暮らしたインコ、オウムの中にカナリーシードが嫌いな鳥はいなかったので、ここにも個性が見えています。

近年、エンバクやエゴマ、オーチャードグラス、キヌア、フォニオパディなど、鳥に食べさせてもよい種子が増えたことで、インコやオウムの食生活が豊かになりました。

ただし、飼育者がこうした種子を食べさせている混合餌に自身で加える場合、鳥の好みと栄養バランスを考えて少量を与え、偏食が起きないように調整することも大切です。

人工の総合栄養食であるペレット中心の食生活を送っている鳥でも、メーカー、大きさや硬さ、着色の有無、舌ざわり、味などから「好み」のものができてきます。

近年は国産のものも販売されるようになり、ペレットの種類はかなり増えました。それでも、海外の特定メーカーの製品しか食べない鳥も多く、そうした鳥では、なにかあって製造元が輸出を止めるようなことがあれば生命の危機になりかねないため、食べられるも

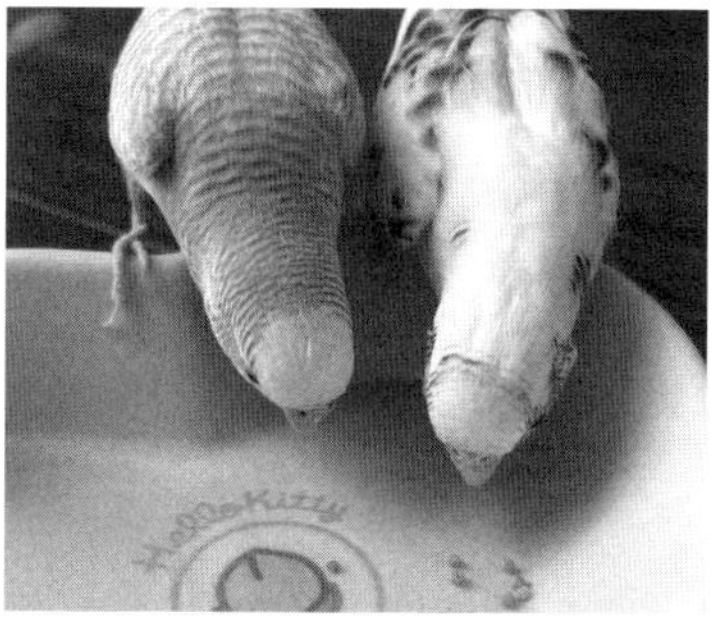

食べるインコ。

のを増やそうと日々、努力する飼育者を多く見かけます。

刺し餌から大人の餌に切り替える際、粟穂などの種子類をはじめに食べさせると、ペレットを食べなくなることが往々にしてあります。

味の変化が少なく、食事が単調になることに加えて、味覚的にも生きた種子のほうがペレットよりも美味しいと感じるインコが多いためと考えられています。こうした点からも、インコやオウムが優れた味覚をもっていることがわかります。

嫌いなものが少ない鳥

嫌いなものがあまりなく、とにかく「食べることが好き」なインコやオウムもいます。そうした鳥では、無造作に餌入れにクチバシを突っ込み、舌やクチバシにふれたものをそのまま食べます。ただ、予想外のものが口の中に入ってしまった場合、察した瞬間に口からぽろりと落とし、ほかのものをついばむ様子も見ます。好き嫌いが少ないはずの鳥でも、これはちょっと……と思うものが、どうやらあるようです。

次節で詳しく解説しますが、好きなものを食べると、鳥の脳でも幸福を感じる脳内物質がでます。大好きな食べものには、ある種の中毒性があるという報告もあります。

与えられたものならなんでも食べる鳥の場合は、特定のもの――好きなものを食べることで脳が幸福を感じるのではなく、野生の鳥のように、「食べられたこと」、「食べて血糖値が上がったこと」で幸せを感じているのかもしれません。

野生の鳥はおそらく、食べるものが見つかった時点で安堵とともに幸福を感じているはずです。なんでも食べる鳥には、そうした野生性が残っているのかもしれません。

2　好きと嫌いのメカニズム

鳥の脳で起こっていること

あるものを食べて「好き」と感じた人間が、ふたたびおなじものを口にしたとき、脳ではドーパミンやβエンドルフィンが放出されます。食べものの味を味覚的に「好き」と感じているとき、つまり美味しいと感じているとき、脳では快楽物質が放出され、それによって感じる「快楽」が「美味しい」であることがわかってきました。

これは人間で確認されたことですが、鳥の脳でも同様のことが起こっているようです。

好きな相手といっしょに美味しいものを食べると幸福感が２倍に？

好きな食べものには麻薬のような中毒性があるといわれるのも、こうしたところからきています。

インコやオウムが好意をもつ人間や好きな鳥といっしょに食事をしているとき、「好きな相手といっしょに食べる幸福」と「美味しいものを食べて得られる快楽」が同時に感じられます。それは脳の中で快楽物質――幸せホルモンが二重に出ている状況で、幸福感が二層になっている状態と考えることもできます。

目の前に食べものがあったとき、まずいちばん好きなものにクチバシが伸びるのも、そうすることが快楽につながっているためと考えると理解が深まるかもしれません。

また、好きかどうかは別として、食べられ

るものを残しておくと、だれかに食べられてしまう可能性があります。野生では、ときにそれが致命的な状況につながることもあるため、好きなものはとくに、できるだけ早く食べてしまえと本能が命じるのかもしれません。

鳥の味覚判断

食べる経験を積むことで、これは美味しい、こっちは美味しくないという情報が脳に蓄積されていきます。

美味しいものは、もちろん「好き」に分類されます。美味しくないもの、食べられる味ではないと感じたものは「嫌い」に分類されます。それが食べものの「好き・嫌い」です。自身が食べられるもののイメージを、鳥は生得的にもちます。はるか昔から種子を食べてきた鳥は、種子を見て、それが食べられるものであるかどうかが直感的にわかります。

食べてみて、種子がまだ未熟なときは「美味しくない」と感じ、もう少し熟すのを待つことを学習します。ただし、野生では、それしか食べられるものがなく、熟すのを待っているとだれかに食べられる可能性が高い場合は、有害なものでなく、栄養になると判断できれば、不味くても食べてしまうことがあります。

野生の果実食のインコも同様で、見れば食べられる果実かどうかがわかりますが、食べてみて味がおかしいと感じた場合、まだ少し早いと判断することもあります。熟しすぎて腐っているものも、食べて学習しますが、もともともっている「酸っぱい＝腐っている」などの生得的な感覚も補助的に使っています。そうやって経験を積みながら、適切な食べものを選ぶようになっていきます。

味覚嫌悪記憶

野生において、新たなものを口にして、これまでにない味と感じ、その後、腹痛やそれに相当するもの（内臓不快刺激）を感じて、明らかな体調不良に陥った鳥は、不調から回復できると、それを忌避するようになります。「食べてはダメ」と学習するわけです。

こうした学習は、味が大きく関わってくることから、「味覚嫌悪学習」と呼ばれます。

これが、ある食べものを「嫌い」と認識する一般的なメカニズムです。つまり、食べものに対する「嫌い」は、「好き」とは感じるしくみが異なっています。

ただ、家庭内で食べている種子にしてもペレットにしても、生命の危機を感じるような個性的な味のものはありません。それでも、食べたくないものはでてきます。

インコやオウムが味や食感の微妙なちがいを感じ取って、好きと嫌いを自身の内につくりあげているのは確かです。それは人間とおなじくらい微妙なものですが、嫌いだから排除するものは実は少なく、好きなものに順位をつけ、上位から食べているように見えます。

また、長く観察を続けていると、インコやオウムの好き嫌いには、味や食感だけでなく、食べやすさ、食べにくさが関係するものもあるように見えます。

初めて食べたときに上手く皮が剥けなかった種子を、その後も敬遠するのを見ることがあります。たとえばエンバクやカナリーシードなどがそうで、嫌いというよりも食べるのがめんどうだから食べないと決めている鳥もいるように感じています。

そういう点で、より簡単に食べられるものにクチバシが向く鳥もいるかもしれません。手間なく食べられることが気に入って、ペレットが好きになる鳥もいるかもしれません。

皮を剥かないと食べられない果物は面倒なので食べないという人もいますが、鳥たちにもおなじような気持ちが働いている可能性があります。なぜなら、とても空腹で、ほかに食べられるものがない場合、その食材を食べている姿を見ることがあるからです。

なにが好きでなにが嫌いかという食べものの好みも、インコやオウムの個性の一部。飼育者がどんなにがんばっても生涯食べるようにならないものもたしかにありますが、飼い鳥の場合、本当に嫌いなものは、実は意外に少ないのかもしれません。

美味しい毒

「好き」と感じて口にしてしまうのは、無害なものだけではありません。鳥を専門とする獣医師によると、インコやオウムにとって重金属の鉛などは、人間にとっての嗜好品のように美味しく感じられるらしいとのこと。つまり「好きな味」と錯覚するのだといいます。

インコやオウムは警戒心の強い生きものであるがゆえに、それがなにか確かめようと、ふだんするようにかじってみるのが〝罠の第一歩〟です。ふれた舌から感じられる味が彼らの的確な判断力をゆがめることで、命に関わる一大事に発展します。

鉛は生体にとってきわめて毒性が高いため、可及的すみやかに鳥の専門医にかかり、重金属を体外に排出させる「キレート剤」などを使って体から取り除く治療をしないと、短期間で死にいたります。助かったとしても、後遺症が残ることがあります。

「美味しい」→「好き」と感じるものがすべて佳《よ》いものではありません。人間とともに暮らす生きものはそうしたことを理解しないので、代わって人間が注意する必要があります。

鉛は、窓のカーテンの錘《おもり》やステンドグラスなどに使われています。古い家具などの装飾

世の中にはインコやオウムが大好きと感じる「美味しい毒」も存在するのです。

に使われている、銅と亜鉛の合金である真鍮《しんちゅう》も危険物です。

人間の場合、なにか食べて生死の危機に陥ると、それが強い記憶として残り、有毒なものは「嫌い」になって、おなじことをしなくなりますが、この点でのインコやオウムの学習機能は低く、重金属の毒を「毒」と学習しません。

苦しかったことも死にかけたことも早々に忘れて、「美味しく感じた」ことだけが記憶に残り、ふたたび鉛を口にして病院に連れて行かれた例も複数あります。

この点について先述の獣医師に話をうかがったことがありますが、「美味しいと感じた記憶が強すぎて『嫌悪』を感じず、それが繰り返しの摂取につながるのではないか」、とのことでした。毒の中には鳥が大好きになってしまう「美味しい毒」もあるということを、インコやオウムの飼育者は理解しておいてほしいものです。

食べものの嫌いは生存戦略

食べものに対する「好き」は、より幸福を感じるためのものでした。

一方、「嫌い」は、もともとは生存戦略の一部であり、身を守るための防御行動でした。

有害な可能性のあるものに対して「嫌い」と感じ、食べることをやめることで、結果的に命を守ってきたという面が「嫌い」には存在します。鳥だけでなく、人間をふくめた生物全体がそうです。

「食べものの好き・嫌い」と、ひとことでまとめられてしまうことも多いのですが、好きと嫌いに対する脳内の処理は、脳の異なる場所で行われていることが少しずつわかってきました。

【食べものの「嫌い」は、生きものの生存戦略が由来】

- 好みとしての「嫌い」が生まれる→有害なものを食べないため
- 脳の「味覚嫌悪記憶」が由来なため、「嫌い」は簡単には治せない

特定の食べものに対する「嫌い」を直すことがむずかしい理由も脳にあります。

鳥の食の「嫌い」が固まっていく脳の処理に関して、空間記憶を司る「海馬」が関わっている可能性も指摘されています。今後出てくるはずの詳しい報告を待ちたいと思います。

3　人間とおなじものが食べたい心理

好きな人が食べているものに興味

群れで暮らす鳥の心理として、「だれかが好んで食べている食材は安全」というものがあります。一方で、「好きな相手とおなじものが食べたい」という心理もあります。

飼育されているインコやオウムで大きな問題となっているのが、人間の食べものを与えられている鳥がいること。見せると食べたがり、実際に与えてみるとふつうに食べたので、問題ないと思い、継続的に与えるようになったというケースです。

しかし、異なる食生活を送っていた生きものでは、必要な栄養素が異なり、胃腸の消化能力も大きく異なるため、人間の食べものの多くは鳥には有害になります。塩分や糖分の

鳥と人もいっしょに食べると美味しいと感じるのは事実です。

多いものは事実上の毒であり、日常的に食べさせていると確実に病気を招きます。

鳥たちがふだん与えられている食べものは、ペレットなどの人工物をふくめて味が薄めであり、必要な成分だけがふくまれています。対して、人間の食事や、おやつ時に食べられているもの、とくに菓子類は、ずっと味が濃く、塩分や脂肪分の多いものになっています。脂肪分は鳥たちにも美味しく感じられ、自分ではなかなか摂取を止めることができませんが、過剰摂取は病気のもとになります。

いっしょに食べるとご飯が美味しく感じられるのは事実です。人間だけでなく、インコやオウムもそうです。おなじタイミングで食事をしたい群れの鳥が、いっしょに食べることで安心するのも事実です。ですが、人間の食べものを与えるのは別です。

最初は違和感

インコやオウムが人間が食べているものを最初に口にしたとき、これは食べものではないと感じ、頭を左右に振るようにして、クチバシから落とすことがあります。そのとき彼らは、「へんな味」「へんな食感」と思ったはずです。たとえば食パンやビスケット、炊いた米などでそんな様子を見ることがあります。

しかし、人間が継続的にそれらを食べているのを見ているうちに、群れの鳥の習性もあって、「おなじものが食べられるようになりたい」と思うようになり、何度か食べてみることで慣れて食べられるようになることがあります。本当に美味しいかどうかはともかく、好きな人間とおなじものを食べているというのは、インコやオウムに満足感を与えます。

人間の食べものが鳥にとって有害であると認識していない人間が、食べていることを喜んだり面白がったりすると、インコやオウムは「食べていいんだ！」と思うようになり、いつしか人間の目を盗んで食べるようになったりもします。

しかし、人間の食べものが好きになり、日常的に食べるようになった鳥のほとんどは短命で終わります。動脈硬化も心臓病も人間だけの病気ではありません。もしもいっしょに食べたいと思ったなら、ドレッシングのかかっていないサラダや野菜スティックなどを選んでください。適した食生活を送ることで、十年、二十年、あるいはもっと長い時間を、おたがい「好き」と感じながら暮らせるはずです。

4　理解されていない味覚と嗅覚

インコには味蕾が多い

味は、「味蕾《みらい》」という味を感じることのできる専門の細胞で得ています。

人間はそのほとんどが舌の上に分布していますが、インコやオウムでは、舌の後方にある唾液腺《だえきせん》のあたりに集中しています。人間は咀嚼《そしゃく》中に味を感じることが多いのに対して、丸呑みが多い鳥は、飲み込む際に味が感じられるようになっているからです。

人間は成人でおよそ九千個の味蕾をもちます。生まれたときは二万個もあり、老齢期には三千個ほどになります。一部の草食の哺乳類を除いて、人間以外の生きものには味蕾は少なく、とくに鳥は最大の種でも四百個ほどしかありません。

そのため、味覚のとぼしい生きものと長く考えられてきましたが、現在は、少ない味蕾でさまざまな味を感じる、高度な味覚をもつ生きものであることが判明しています。

そんな鳥類の中で味蕾の数がもっとも多いのがインコやオウムです。微妙な味のちがいがわかるなど、味にうるさい理由がここにあります。

不足する味覚をほかの受容体で補う

味覚は、それが食べてもいいものかどうか、すなわち毒ではないかどうかを判断し、同時に欠乏している栄養素を探すために発達したと考えられています。

人間には、塩味、甘味、苦味、酸味、旨味の五つの味覚がありますが、すべての動物が五味をもつわけではありません。

一方で、一度なくした味覚を取りもどすために、ほかの味を感じる受容体を変化させて特定の味を感じるようにした、という例もあります。鳥類では、ヒヨドリなど一部の鳥類が旨味を感じる味蕾の受容体を変化させて甘味を感じています。

鳥の祖先は小型の肉食恐竜でした。恐竜だった時代は食材の関係から甘味を感じる必要がなかったためにこの受容体を失った、あるいは発達させなかったという説が有力です。

ところが鳥類に進化して一部の鳥類は花蜜や果実を食べるようになりました。その際、甘味を感じる味覚受容体が必要になって、急遽、旨味を感じる受容体を変化させて甘味を感じられるようにしたと考えられています（明治大学、マックスプランク鳥類研究所ほかの共同研究報告、二〇二一年）。ヒヨドリのほか、カナリアやメジロもこうしたかたちで甘味を感じています。

鳥類最小の体をもち、花蜜を主食とするハチドリも、ヒヨドリなどのように甘味を感じる能力がありますが、スズメ目の鳥とは甘味受容体を得たタイミングが異なり、まったく独自に旨味の受容体を甘味に変えたことが判明しています。

鳥の味覚に関する実験データはまだあまり多くありませんが、オカメインコについては塩味、甘味、苦味、酸味についての感度が調べられていて、苦味に対してもっとも鋭敏であり、人間並みであることが確認されています。

体調が悪化した際、飲み水に加えるタイプの薬が処方されると、オカメインコの場合、舌で水の味を確認したのち、飲むことを拒絶することがあります。薬として与えたにもかかわらず、「これはよくないもの」と判断して飲むのをやめてしまうようです。

匂いもわかる

料理された食材の匂いから味を予想したり、「美味しそう」と思うことが人間にはありますが、インコやオウムもそうかもしれません。鳥類において、嗅覚情報が味覚に影響を与えるかどうかはまだ十分に調べられていませんが、その可能性は否定できません。

伝書鳩として知られるカワラバトには、高い嗅覚と嗅覚にもとづいた記憶力があり、それを帰巣に生かしていることが知られていますが、鳥類にはほかにも人間と同等の嗅覚をもつものがいると指摘されています。鳥も匂いを個体識別に利用していると考える研究者もいます。そうしたことが事実だとしたら、匂いが味覚に影響を与えることも、ないとはいえないように思います。

第 9 章

好きと嫌いの
インコ学

1 「好き」の伝えかた

インコは気持ちを隠さない

人間と暮らしているインコやオウムの多くは、頭に浮かんだことをそのまま実行します。好きなものにふれたい、好きなものが食べたい、好きな遊びを楽しみたい、好きな相手に「好き」を伝えたい——など、そのまま思ったことをします。

たとえば目に入った本や壁紙をかじりたいと思った鳥は、思った瞬間に実行します。数日前におなじことをして叱られたとしても、人間が止めたり、ほかの鳥にじゃまされないかぎりクチバシをのばします。

先にも解説したように、インコやオウムにあるのは「今」だけです。今、こっちを見てほしい。なでてほしい。声をかけてほしい。その気持ちを態度で人間に伝えてきます。

ある意味それは、「今」を大切にしているともいえます。躊躇なく行動する彼らを、少しうらやましく感じることもあります。

ただ、こうしてほしいという気持ちが相手に伝わったとしても、思いどおりになるとは

思いついたときに思いついたことを実行する。それがインコやオウムの生きかたです。

かぎりません。状況が許さないこともあります。そもそも相手の意思に反することなら、当然してもらえません。それでも、インコやオウムは試みます。

彼らにとって大事なこと、重要なことは、結果ではなく、今、したいと思ったことをすること、今、心にある自身の望みを伝えることだからです。

「好き」と老化

まだ幼いインコやオウムの「好き」は、おもに親や親に相当する相手と、身近なものに向けられる「狭い」ものです。その鳥にとっての「世界」はゆっくり広がっていって、広がるにつれて興味の対象は拡大し、「好き」も増えていきます。

多くの鳥は、一般の人々が考える数倍の寿命をもちます。大型のインコやオウムは五十年から七十年生きるといわれますが、病気をせず、上手く歳を重ねた鳥は七十歳を超えても元気でいます。つまり、人間とほぼ同等です。小さなオカメインコでさえ、最近は三十歳を超えて生きる鳥を見かけるようになりました。

反応がにぶくなってくるなど、鳥も高齢化すると脳に衰えが見えるようになりますが、人間やイヌのような認知症的な症状は見せません。

もとより鳥は青年期が長く、幼鳥期と老鳥期がとても短いのが特徴です。そして、かなり高齢になっても、精神面では若いころとあまり変わらない様子を見せます。多方面にわたるその「好き」も、驚くほど変化しません。

病気や老化によって数時間後には亡くなってしまうような不自由な体になっている個体でも、自分の死を想像しないためか、「なでろ」とか、「いつものおもちゃをよこせ」とか、「いつも遊んでいる好きな場所に連れて行け」と主張することがあります。

臨終は、大きく二つに分かれます。好きな相手（鳥、人間）と最後の瞬間までいっしょにいたい鳥と、亡くなる瞬間を好きな相手に見せない鳥。後者では、ほんの一瞬目を離したすきに、心臓が止まっていた、ということもありました。

どちらのケースも人間にもあることで、こうした点でも人との近さが感じられます。人や鳥やものに対する彼らの「好き」は、死の寸前まで続きます。人間の場合、高齢化して脳の機能が下がってくると、ものに対する「好き」という意識は弱くなってきますが、インコやオウムでは、「好き」を感じる心にはっきりわかるような低下はありません。その生活の最後まで「好き」を貫くのが、人と暮らすインコやオウムの「鳥生」です。

鳥の「好き」に学びたいこと

だれかを好きになりそうなとき、人間はいろいろ考えて、自分の心にストップをかけることがあります。文学作品などでもよく見る、心の葛藤です。

特定の「もの」や「推し」に対する「好き」を自覚した際は、それをまわりに伝えてもいいものか悩んだりもします。人によっては、かなり深刻な悩みになります。

人間の場合、まわりの人間や家族との関係は何年も何十年も続きます。仕事でのつきあいも、それなりに長くなります。置かれた状況によって、自身を制御する必要が生じることも少なくありません。

しかし、いわゆる〝しがらみ〟も〝世間の常識〟も存在しないインコやオウムの場合、自身の心を留めるようなことは一切しません。「相手が気になる」から「相手を好きになる」は一直線に続きます。そして、いったん好きになってしまえば後退はしません。「好きなものは好き」と、まっすぐ相手にぶつかっていきます。またその「好き」は、だれの目にも明らかな、オープンな「好き」です。

それが大事なことなら、伝えるべき相手が大切な存在であるならなおさら、伝えるべきときにきちんと伝えるというインコやオウムの姿勢は、人間も見倣う必要があるように思います。

「好き」を伝えても必ず受けいれられるわけではありません。インコやオウムももちろん知っています。それでも、伝えなければなにも始まらないことも知っています。そして、たとえ拒絶されても、めげずに再度、伝えにいきます。

結果は決まっていない。なにかする前にあきらめてしまうのはだめ。ぶつかってみることで、新たにできることや、すべきことが見えてくる。

彼らの行動には、そんな行動の理念が見える気がします。

それは人との関係だけでなく、あらゆることにいえることかもしれません。彼らはその大事さを教えてくれる存在だと思っています。とはいえ、相手にとって迷惑な気持ちの押しつけや、本気でやめてほしいと思っている相手へのつきまといはやめるべきですが。

セキセイが突然、死角から仲のよい鳥を蹴るのは、かたちを変えた愛情行為と考えられています。

ちょっかいをかける鳥

小学生の男子が気になる女の子に対し、髪の毛を引っぱるなど、ちょっとしたちょっかいをかけることが古い時代からありました。好きと自覚している場合もしていない場合もありましたが、いずれも自分に関心を向けたい気持ちからの行動でした。

そんな男子小学生とそっくりな行動をする鳥がいます。セキセイインコです。

ふだんはふつうに仲のよい鳥に対し、背を向けた一瞬の隙に、そっと忍び寄って、相手の死角から背中や腰のあたりを軽く蹴って逃げます。蹴ってはいますが、攻撃ではなく、単なるいたずらです。

ＳＮＳなどを使って調べてみると、非常に多くのセキセイインコがこれをすることがわかりました。相手はおとなしいオカメインコが中心ですが、マメルリハやサザナミインコなどに対してでも行い、ドバトを蹴る映像もインターネットなどで見ることができます。

悪気のない、ちょっとしたいたずらで、好意をもっていない相手には絶対にしません。ちょっとだけ屈折した、セキセイインコなりの「好きの表現」なのだと思います。

セキセイインコにはこうした行為で、もっと仲よくなれるかもしれないという思惑もあるようですが、蹴られたほうにはそれが「好き」の歪曲した表現であることなどわかりません。鳥によっては、迷惑に感じることもありそうです。人間でもときおり見る、外れた愛情表現。そんな「好き」の伝えかたがインコにもあることをおもしろく感じています。

「嫌われたくない」という心理はない

インコやオウムには、「自分を好きになってほしい」という心理はありますが、「嫌われたくない」という心理はありません。ただし、つがいになってほしい相手に、自分はこんなにすごいんだとアピールしているときだけは、この相手には嫌われたくないと思うのかもしれません。

日常の行動で、「こうすると嫌われるかもしれない」という意識をインコやオウムはもちません。一方で、もっと好きになってほしいとは思います。先のセキセイのキックでも、そんなことをすると相手に嫌われるかもしれないなどとは微塵も思っていません。自分の好意がなんとなく伝わればいいと思ってやっている気配もあります。

一方、嫌われないように行動するのではなく、相手が「嫌」と感じることはなるべくしないようにしようと思う「配慮の鳥」もいます。オカメインコの多くはそのタイプです。

2　「好き」がずっと続きますように

それは心の底にある願い

今が幸せ。だから、「変わらない」ということは「幸せが続く」ということ。

安定は安心。好きな相手がいて、楽しいことがあれば、あとはなにもいらない——。

インコやオウムの中に生まれた「好き」は、変化しない、ずっと変わらないことに支えられた「好き」であり、それが心の深いところにある彼らの願いでもあります。

インコやオウムは、ある意味、保守的です。大きな変化は望みません。しかし、生活するうえで刺激となる小さな変化は歓迎します。もとより、ほかの生きものより好奇心は旺盛で、幅広い興味をもっています。

新たな出会いは「好き」を増やし、新たな楽しみを生む可能性があります。

「好き」が増えることはうれしいことです。好きでなかったものが好きに変わることや敬遠していたものが恐くないと判明し、「好き」寄りの印象に変化することも歓迎です。

3　鳥の心を理解するために

「好き」から知る鳥の心

インコとオウムの奥深い、さまざまな「好き」と「嫌い」について解説してきました。最終章のまとめとしてひとついえるのは、「好き」はその鳥の幸福感と密接に関わっているということです。

その鳥がもつ気質にもよりますが、「好き」の先にある幸福はひとつではありません。

人または鳥の、特定の相手のことがとても好きだった鳥の幸せと、人にも鳥にもものに対してても多くの好きをもっていた鳥の幸せは、比べられるものではありません。

人間にも、インコやオウムにも好奇心があります。好奇心は生物進化の鍵のひとつでした。ときに命に関わる失敗にもつながる好奇心が、「好き」の原点のひとつになっているのは事実で、好奇心が強い鳥ほど「好き」の幅が広い傾向があります。

「好き」は気になる対象の先、あるいは中にあるため、まず関心を向けないと「好き」か「嫌い」かの判断にはいたりません。関心が大事です。

「好き」が多い鳥の暮らしは、まわりからは幸せそうに見えます。

ですが、特定の対象への「好き」と日々向きあう鳥も、やはり幸せを感じながら生きています。好きな人間と一対一で、何十年という時間を過ごすことができた鳥は、まちがいなく幸せだったと思います。幸福感、あるいは満足感という点で、インコやオウムの生涯は人間とおなじくらい多彩です。

飽和した「好き」の先にある安寧

家に迎えられた鳥は、そこで好奇心を発揮して、さまざまなものを確認し、おもしろいものを見つけては、「好き」を手に入れます。

「嫌い」を確認して、そこには寄りつかないことを決め、恐いと感じるレベルの「嫌い」を飼い主に取り除かせます。

人に対する「好き」と「嫌い」や、人や鳥に対する好きの順番が確定し、好きな相手が好む場所が確認できると、部屋のラベリングは完成。鳥にとってその作業は、巣材をいろいろ動かして居心地のよい巣をつくる、「巣づくり」のようなものなのかもしれません。

結果、彼らが暮らす部屋は、好きな人がいて、好きな仲間がいて、どこに「好き」なものがあるのかはっきりわかる場所になり、「好き」で満たされた空間になります。そこは心理的な意味での「安住の地」といえるかもしれません。迎えられた家庭をそうした場所に整えるのが、人間に迎えられたインコやオウムが目指すひとつの終着点ではあります。

ただしそれでも、それが終わりではなく、好きな相手の中に、これまで気づかなかった「好き」を発見して、その好きをまねしてみたり、自分でも「好き」になる努力をしてみたりすることもあります。「よかったさがし」ならぬ、「好きなところさがし」は、それからの生涯をかけたその鳥の鳥生のテーマになるのだと思います。

そういう鳥生を生きることが、インコやオウムにとっての満足できる豊かな暮らしといえるのかもしれません。

あとがきにかえて

人の心も、鳥の心も、好きと嫌いからできている。本書のタイトルにしてテーマです。どんな相手が「好き」、「嫌い」、なにが「好き」、「嫌い」、ということに光を当てたなら、その心の特徴や特質が見えてきて、相手のことがより深く理解できるはず。人と鳥の心の、似ている部分と異なる部分もよりはっきり見えてくるはず——。そんな思いをこめました。インコやオウムのことをもっと知りたい。それは自身も、前世紀からもっていた願いでした。

そこで、彼らの心に近づくため、さまざまな角度から彼らの「好き」と「嫌い」を検証してみました。その際、発達心理学という、人間の子どもの理解から始まった学問が多くの示唆をくれ、助けてくれました。

ダーウィンは、じつは肉体面の進化だけに注目して、進化論を提唱したわけではありませんでした。あらためてそこに気づけたことも、大きな収穫でした。

ダーウィンは進化論以外にもさまざまな主張を現代に残しています。興味が生まれたかたは、図書館などで検索して、手に取ってみてほしいと思います。複数の出版社から出ている『種の起源』だけでなく、『人間の由来』(講談社学術文庫)、『人及び動物の表情について』(岩波文庫)など多くの本が見つかると思います。

以前よりたびたび主張してきたことですが、人間は自身のことも、身の回りの生きもののこともあまりよく知りません。とくに鳥類に対してはそうです。行動、生態や生理学的な知識が不足しているのはもちろんですが、それ以上に「心」についての理解が圧倒的に不足しています。

そこには、専門家と呼ばれる人々もふくめ、関心をもつ人が少なかったことが大きく影響しています。よりはっきりいうと、長いあいだ動物の心は、取るに足らないものとして人間から軽視、蔑視されてきました。理解しようという動きがでてきたのは、二十世紀も末になってからです。

遡ると、人間をふくむ哺乳類も、鳥や恐竜をふくむグループも、はるかな昔、共通する祖先から誕生し、別々の道を歩いて今にいたっています。その過程で、さまざまな特質を独自に獲得しましたが、あらためて比べてみると、よく似ているものも見つかります。その筆頭が「心」です。

本書の最初のほうでもふれた、最近、大きな関心を集めているタコの心理についての研究が、「心」はどのようにして生まれたのかという大きなテーマについて、今後、私たちに多くの示唆を与えてくれるのは確実で、それがまわりまわって人間と鳥の心の比較にもシャープな陰影をつけてくれることに今から大きな期待をもっています。が、本書の主役はタコではないので、タコについてはいずれまた。

日本で鳥の心に関心をもつのは、動物心理学の専門家の中の鳥類に目を向ける人々と、鳥を専門とする獣医師です。日本の鳥類学では長く、鳥の飼育を「悪」と見る風潮があったため、出身地が海外であることから飼育下のものしかいないインコやオウムは基本的に関心がもたれず、その心を理解するための努力もあまり行われてきませんでした。

アメリカ人のアイリーン・ペッパーバーグ博士がヨウムを研究対象に選び、彼らにどれほどのことができるのか示し、それを『アレックス・スタディ』という書籍にまとめなければ、今も鳥には光が当たっていなかったかもしれません。学生時代、この本を翻訳された慶應義塾大学の渡辺茂先生の授業を受けられたことは幸運だったと今も思っています。

大型のインコやオウム、カラスの脳は人間が属する霊長類に匹敵します。その事実が示すように、鳥は高度に発達した脳をもっています。その脳で、さまざまなことを考えています。そして心は脳に宿ります。そんな鳥類の中でも、インコやオウムはまた特別です。

ときにその心は、人間の心の相似形であるようにも見えます。彼らは、さまざまな感情をもちます。そして、「好き」と「嫌い」をもちます。現在わかっている、インコとオウムについての「好き」と「嫌い」を整理して紹介したのが本書です。

この分野の研究はまだ掘り下げが始まったばかりで、今はまだ、浅い層にある情報しか見えていません。しかし、いずれ、深層にたどりつくことでしょう。

研究が進むにつれて、書き換えられる情報もあるかもしれませんが、こうしたかたちのアプローチは、インコとオウムの心を明らかにしていくための一歩になると信じています。

細川博昭

トム・ヴァンダービルト『好き嫌い——行動科学最大の謎』桃井緑美子訳、早川書房、二〇一八年
ピーター・ゴドフリー＝スミス『タコの心身問題——頭足類から考える意識の起源』夏目大訳、みすず書房、二〇一八年
マイケル・S・ガザニガ『人間らしさとはなにか？——人間のユニークさを明かす科学の最前線』柴田裕之訳、インターシフト、合同出版（発売）、二〇一〇年
ゲイル・F・メルスン『動物と子どもの関係学——発達心理からみた動物の意味』横山章光、加藤謙介訳、ビイング・ネット・プレス、星雲社（発売）、二〇〇七年
ジャック・ヴォークレール『動物のこころを探る——かれらはどのように「考える」か』鈴木光太郎・小林哲生訳、新曜社、一九九九年
マーク・ベコフ『動物たちの心の科学——仲間に尽くすイヌ、喪に服すゾウ、フェアプレイ精神を貫くコヨーテ』高橋洋訳、青土社、二〇一四年
Andrew U. Luescher 編『インコとオウムの行動学』入交眞巳、笹野聡美監訳、文永堂出版、二〇一四年
William O. Reece『明解　哺乳類と鳥類の生理学（第四版）』鈴木勝士監修、学窓社、二〇一一年

主な参考文献・引用文献

無藤隆、岡本祐子、大坪治彦編『よくわかる発達心理学』ミネルヴァ書房、二〇〇四年
無藤隆、佐久間路子編著『発達心理学』学文社、二〇〇八年
東洋、繁多進、田島信元編集企画『発達心理学ハンドブック』福村出版、一九九二年
今川恭子編著『わたしたちに音楽がある理由――音楽性の学際的探究』音楽之友社、二〇二〇年
渡辺弥生、西野泰代編著『ひと目でわかる発達――誕生から高齢期までの生涯発達心理学』福村出版、二〇二〇年
渡辺茂、菊水健史編『情動の進化――動物から人間へ』朝倉書店、二〇一五年
渡辺茂『美の起源――アートの行動生物学』共立出版、二〇一六年
詫摩武俊『好きと嫌いの心理学』講談社現代新書、一九八一年
中島定彦『動物心理学――心の射影と発見』昭和堂、二〇一九年
細川博昭『鳥を識る――なぜ鳥と人間は似ているのか』春秋社、二〇一六年
細川博昭『鳥の脳力を探る――道具を自作し持ち歩くカラス、シャガールとゴッホを見分けるハト』ソフトバンククリエイティブ、二〇〇八年
理化学研究所脳科学総合研究センター編『脳研究の最前線（上） 脳の認知と進化』講談社・ブルーバックス、二〇〇七年
池田譲『タコの知性――その感覚と思考』朝日新書、二〇二〇年
春日武彦『恐怖の正体――トラウマ・恐怖症からホラーまで』中公新書、二〇二三年
関義正「オウムの声まねから学べるもの」『心理学ワールド』八五号、「保育と心理学―新しい関係を目指して」日本心理学会機関誌、二〇一九年四月
アイリーン・ペッパーバーグ『アレックス・スタディ――オウムは人間の言葉を理解するか』渡辺茂、山崎由美子、遠藤清香訳、共立出版、二〇〇三年
サイ・モンゴメリー『愛しのオクトパス――海の賢者が誘う意識と生命の神秘の世界』小林由香利訳、亜紀書房、二〇一七年
ジョン・マーズラフ、トニー・エンジェル『世界一賢い鳥、カラスの科学』東郷えりか訳、河出書房新社、二〇一三年
セオドア・ゼノフォン・バーバー『もの思う鳥たち――鳥類の知られざる人間性』笠原敏雄訳、日本教文社、二〇〇八年
ティム・バークヘッド『鳥たちの驚異的な感覚世界』沼尻由起子訳、河出書房新社、二〇一三年

鳥写真提供（数字は掲載ページ）

愛鳥家サク　口絵1（下），59
河村梓　33, 40, 80
黒澤まる　口絵3（下左）
小林愛理　口絵2（上）
菅瀬晶子　129
中武米美　56
三澤由紀子　口絵4（上）
若井美智子　口絵3（下右）
安齋朋恵　口絵4（下）
神吉晃子　173
桑原雅子　97, 157（下）
坂口佳菜　口絵1（上）
立川美穂　9
中村友紀　口絵4（中）
山内沙織　121
@amo36481　157（上）
小山田優子　38
北村紅音　152
小島雅子　口絵2（下）
佐藤麻子　89
陶山友美　口絵3（上）
ぷぺぽチャンネル　157（中），177
ロメオ　23

細川博昭（ほそかわ・ひろあき）

作家。サイエンス・ライター。鳥を中心に、歴史と科学の両面から人間と動物の関係をルポルタージュするほか、先端の科学・技術を紹介する記事も執筆。おもな著作に、『鳥を識る』『鳥と人、交わりの文化誌』『鳥を読む』（春秋社）、『大江戸飼い鳥草紙』（吉川弘文館）、『知っているようで知らない鳥の話』『鳥の脳力を探る』『江戸時代に描かれた鳥たち』（SBクリエイティブ）、『オカメインコとともに』（グラフィック社）、『身近な鳥のすごい事典』『インコのひみつ』（イースト・プレス）、『江戸の鳥類図譜』『江戸の植物図譜』（秀和システム）、『うちの鳥の老いじたく』『長生きする鳥の育てかた』（誠文堂新光社）などがある。

日本鳥学会、ヒトと動物の関係学会、生き物文化誌学会ほか所属。

X：@aru1997maki

ものゆう（イラスト）

鳥好きイラストレーター、漫画家。主な著書は『ほぼとり。』（宝島社）、『ひよこの食堂』（ふゅーじょんぷろだくと）、『ことりサラリーマン鳥川さん』（イースト・プレス）など。
ものゆう公式X：@monoy

人も鳥も好きと嫌いでできている――インコ学概論

2024年8月31日　第1刷発行

著　者　細川博昭
イラスト　ものゆう
発行者　小林公二
発行所　株式会社　春秋社
〒101-0021　東京都千代田区外神田2-18-6
電話　(03)3255-9611（営業）
(03)3255-9614（編集）
振替　00180-6-24861
https://www.shunjusha.co.jp/
印刷所　株式会社　太平印刷社
製本所　ナショナル製本協同組合
装　丁　河村　誠

ISBN978-4-393-42136-9 C0095　定価はカバー等に表示してあります

細川博昭
鳥を識る
なぜ鳥と人間は似ているのか

恐竜の生き残りでもある鳥は高い知能と豊かな感情を持ち、ヒトとの共通点が多い生き物。思考し遊び音声で意思疎通を図る……種属を超えた類似点を探りながら人間とは何かを考える。

二〇九〇円

細川博昭
鳥を読む
文化鳥類学のススメ

グレートジャーニーにして、タイムトラベル！　神話、伝承、文学、芸術などに描かれてきた鳥たち。鳥と人との関わりの交点を縦横無尽に行き来する驚きに満ちた15章！

二七五〇円

細川博昭
鳥と人、交わりの文化誌

古より鳥は人の想像を喚起し、文化とも深く結びついてきた。人は鳥とどのように接してきたか。伝承やイメージ、記録から受容の歴史や関わりの様相を独自の視点で紹介する。

二二〇〇円

髙山花子
鳥の歌、テクストの森

鳥たちの歌や声はどのように作家たちに追求されてきたのか——大江、石牟礼、鏡花、武満、メシアン、ブランショらのテクストの中で、鳥の声に耳を澄ますように紐解く。

二二〇〇円

内田伸子
想像力
生きる力の源をさぐる

見えないものを見、あすを思い描き、現実を超える力。知覚、表象の構成、想起、思考、推理……ヒトの認識の背後で働く驚くべき能力のメカニズムを発達心理学の見地から探る。

一九八〇円

▼価格は税込（10％）